焦虑心理学

心理学

不畏惧、不逃避，和压力做朋友

王志敏 / 著

中国华侨出版社

·北京·

前言

焦虑是由紧张、焦急、忧虑和担心等感受交织而成的一种复杂的情绪反应，是一种复杂的心理表现。现代人的压力普遍都大，导致生活中充满了焦虑，焦虑甚至已经成为人们摆脱不掉的一种负面情绪。人们为找工作焦虑、为换工作焦虑、为处理同事和上司的关系焦虑、为买房焦虑、为买车焦虑，等等。然而，焦虑过度会消耗精力、损害健康、扭曲自身心灵。特别是当把自己有限的精力放在不必要焦虑的事情上时，我们便容易陷入烦恼和郁闷的泥潭中。这样，就算幸福"天使"从我们身旁飞过，我们也无法抓住幸福的影子，只能眼睁睁看着幸福飞走。

据相关数据表明，长时间的焦虑，会使人面容憔悴、坐立不安、难以集中精力工作、失眠等，常常伴有心悸、出汗、震颤等自主神经功能失调的表现。如果一个人长期陷于焦虑情绪而不能自拔，内心便常常会被不安、恐惧、烦恼等体验冲击，行为上就会出现退避、消沉、冷漠等情况，影响身心健康。

1

"焦虑是人生的毒药，是滋生无数罪孽和悲惨不幸的温床。那么为何还要纵容焦虑来扰乱我们的心灵？难道仅凭焦虑，我们就能改变这一切或是解开神秘的人生之谜吗？"的确，焦虑是摧毁一切的恶魔，走出焦虑，势在必行。人生不需要焦虑，美好来自宣泄，告别焦虑，你才能开创新生活。

　　不焦虑具有正面的、令人积极进取的能量，能让我们拥有成功的人生和幸福的生活。如果你想拥有一个健康的身体，首先你要学会不焦虑；如果你想拥有一个快乐的人生，首先你要学会不焦虑；如果你想拥有一个良好的人际关系，首先你要学会不焦虑。控制自己的情绪，调节好自己的心态，是每一个现代人必须要掌握的能力。谁做不到这一点，谁就无法承受现代生活的压力，更无法创造美好的人生。本书详尽分析了焦虑对人生各个方面的危害，如影响人际关系、阻碍事业发展、影响婚姻生活、使不良情绪无止境地蔓延、丧失积极进取的勇气等等，同时阐述了远离焦虑的各种方法，讲授了不焦虑的智慧，是一部个人改善自我、走向成功的优秀心灵读本。

目
录

CONTENTS

第三章 远离"完美焦虑症",别对自己太"狠"了

第一章

是什么"搞砸"了我们的生活：
人人都有焦虑感

无处不在的焦虑感

在如今这个快节奏的社会里，升学就业、职位升降、事业发展、恋爱婚姻、名誉地位，种种事情使人们承受着巨大的心理压力，由此产生焦虑情绪，造成心神不宁、焦躁不安，严重影响人们的工作和生活。发生焦虑的原因有时候匪夷所思、出人意料。

1. 付账焦虑

在中国，当几个熟人一起坐车、聚餐时，大家抢着购票、付账是司空见惯的景观。有些场合是出于真情实意，心甘情愿地要为他人付账；有些场合则多少有点虚情假意，只是不得不做做样子。虽说 AA 制现在在青年中已流行开来，但一般人还是不习惯这种"分得太清"的方式。觉得既然是"熟人"，就不能太"生分"，为了表示热情主动、不分彼此，就该抢先付账，否则显得不够交情，甚至有爱占别人便宜之嫌。

2. 催账焦虑

如果请您想象一下催账人、讨债人的形象，十有八九在您的脑海中绝不会浮现出一个和蔼可亲的面目，而极有可能的是联想到《白毛女》一类的电影中地主逼租的镜头。其实，向人讨账并非"黄世仁""南霸天"的专利，您自己在日常生活中恐怕也难免遇到需要向人催账的事情，但是"催账焦虑"也许最终使您没能开口。

3. 点钱焦虑

有些人一碰到钱，就显得很马虎大意，从别人手中接钱时（如领工资、取买东西找回的余款），尤其是从熟人、好友手中接钱时往往看都不看，一把塞在口袋里。待回家查点对不上数，便只好自认倒霉或者闹出不小的矛盾。其实，在这种"马虎"的背后，是一种"点钱焦虑"在作怪：不点心里不放心，点又显得太多心。当面一五一十地核点，似乎太不信任对方，两人都不免有点难堪，朋友之间说不定还会因此影响交情；不当面点清，一旦有差错，事后再查就说不清、道不明了。点也不是，不点也不是，自然免不了一番焦虑。

4. 诚信焦虑

中国民间流传的告诫人们如何为人处世的人生格言非常多，但在它们中间又有不少相互矛盾的说法。例如，一方面提倡"以诚待人""以心换心"，另一方面又提醒大家不能对谁都相信，要懂得保留。如果人们同时接受了这两种截然相反的观点，在实际生活中就难免产生"诚信焦虑"——不信任别人。不以诚相待，就会感到一种道德压力；反之，又担心被人利用。

形形色色的焦虑充斥人们的生活，不胜枚举。它们像细菌一样侵蚀人们的灵魂和机体，妨碍人们的正常生活，影响人们的身心健康。所以，走向生活，应该从拒绝焦虑开始。

焦虑会给人带来难以忍受的不适感

焦虑不但解决不了任何问题，反而在紧要关头往往坏事。既然如此，我们不如心平气和地面对一切。

刚刚参加工作的张凡最近一段时间不知道为什么，老是为一些微不足道的小事忧虑，以至于影响了正常的工作和生活。

比如，张凡莫名其妙就对他使用的那支钢笔产生了厌恶之感。一看到那磨得平滑的钢笔尖就心里不舒服，他更讨厌那支钢笔的颜色，乌黑乌黑的。于是张凡决定不用它了。可换了支灰色的钢笔后，张凡依然感觉不舒服。原因是买它时张凡见是个年轻漂亮的女售货员，竟然紧张得冒了一头大汗，张凡认为自己出了丑，自尊心受到了伤害。因此张凡恨不得弄烂它，于是把它扔到楼道里，任人践踏。可是转念一想，这不是白白糟蹋了七八块钱吗，结果又把它给捡了回来。

还有一次，张凡买了一个用来盛饭的小塑料盒。突然他脑子里冒出一个想法："这是不是聚乙烯的？"张凡记得自己曾看过一篇文章，好像是说聚乙烯的产品是有毒的，不能盛食物。这下张凡的神经又绷紧了：自己买的这个小塑料盒会不会有毒？毒素逐渐进入我的体内怎么办？张凡万分忧虑，但不用它又不行，况且圆珠笔、钢笔、牙刷等也是塑料制品，天天都沾，如果都有毒，

焦虑心理学：不畏惧、不逃避，和压力做朋友

这不是让人活不成了吗?

有一天,张凡又为头上的两个"旋儿"而苦恼起来。他听人说"一旋好,俩旋孬,两个顶(旋),气得爹娘要跳井"。真有这么回事吧?要不为什么自己经常惹父母生气呢?可许多有两个旋的人也不像自己这么怪呀!这个念头令张凡终日忧虑不已。

张凡就是这样一直在忧虑的旋涡中徘徊、挣扎着……

可怜的张凡在忧虑中不断地折磨自己,他这是一种典型的焦虑心理。

焦虑是一种没有明确原因的、令人不愉快的紧张状态。适度的焦虑可以提高人的警觉度、充分调动身心潜能。但如果焦虑过火,则会妨碍你去应付、处理面前的危机,甚至妨碍你的日常生活。

处于焦虑状态时,人们常常有一种说不出的紧张与恐惧,或难以忍受的不适,主观感觉多为心悸、心慌、忧虑、沮丧、灰心、自卑,但又无法克服,整日忧心忡忡,似乎感到灾难临头,甚至还担心自己可能会因失去控制而精神错乱。在情绪上整天愁眉不展、神色抑郁,似乎有无限的忧伤与哀愁,记忆力衰退,兴味索然,注意力涣散;在行为方面,常常坐立不安,走来走去,抓耳挠腮,不能安静下来。

心理学研究表明,导致焦虑的原因既有心理的因素,又有生理因素,同时,人的认知功能和社会环境也起着重要作用。

焦虑是每个人都有的情绪体验，要防止它成为病态，就要寻找各种能舒缓压力的方式。面对焦虑，面对真实的自己，是化解焦虑的最佳良药。让我们一起化焦虑为成长的契机，做个自在、心无挂碍的现代人。

下面就教你几招来化解焦虑：

进行耗氧运动，以振奋精神

焦虑者可通过强耗氧运动，振奋自己的精神，如快步小跑、快速骑自行车、疾走、游泳，等等。通过这些耗氧量很大的运动，加速心搏，促进血液循环，改善身体对氧的利用，并在加大氧的利用量中，让不良情绪与体内的滞留浊气一起排出，从而使自己精力充沛，进而振作起来，心理困扰由此自然就得到了很大排解。

休闲常听音乐，以改变心境

一个人，不管他的心情多么不好，只要能听到与自己的心境完全合拍的音乐，就会感到无比的舒畅。以音乐来摆脱心理困扰时，要注意选择能配合当时心情的音乐，然后逐步将音乐转换到有利于将自己的心情调整到希望获得的方面来。

选择适宜颜色，以滋养身心

美学家通过研究多人的行为发现，犹如维生素能滋养身体一样，颜色能滋养心气，而且效果还较明显。要注意选择适宜的颜色，凡是能使心情愉快的鲜明、活泼的颜色以及具有缓和和镇静作用的清新颜色都可采用。这样，可使你的视觉在适宜的颜色愉悦下，产生滋养心气的效果，并使心理困扰在不知不觉中消释。

做一个三分钟放松运动操，以缓解焦虑

一分钟"抬上身"——缓慢地使身体向下触及地面，双臂保持俯卧撑姿势，然后双手向下推，胸部离开地面，同时抬头看天花板，吸气，然后再呼气，使全身放松。

一分钟"触脚趾"——双手手掌触地，头部向下垂至两膝之间，吸气。保持这个姿势，再抬头挺胸，同时呼气，然后全身放松。

一分钟"伸展脊柱"——身体直立，双腿并拢，在吸气的同时将双臂向上伸直举过头顶，双掌合拢，向上看，伸展躯干，背部不能弯曲，然后呼气放松。

不要让负面的声音为事情下定论

生活中难免会遇到挫折和不幸，面对逆境，不同的人有不同的态度，有人选择好的心态，用积极乐观的态度发现生活中的乐趣。而有人总是习惯用悲观的眼睛去丈量生活的土地，结果导致美好的事物离自己越来越远。

消极心态是一种严重的心灵疾病，它会排斥财富、成功、快乐和健康。消极的心态导致的结果将是贫穷、失败、悲观和痛苦。

因此，为了减少挫折，也为了让我们的生活中多一些美好的事物，我们决不允许让负面的声音为事情下定论。

有一个偏远的乡村，那里的人们仍然靠燃烧木材取暖。有一个专门靠伐木谋生的年轻人，几年来，他一直把自己砍伐的木材卖给一个农场主取暖。年轻人卖给农场主的柴火直径不能超过 10cm，否则农场主就无法使用，因为他家的壁炉口径只有 10cm。

有一次，这个农场主家的管家前来买柴火，年轻的伐木人让管家拉走了。当这些柴火拉回去后，却无法使用，因为大多数柴火的直径都超过了 10cm。于是，农场主马上给卖柴火的年轻人打电话，要求换成可以使用的柴火。

这位年轻人拒绝了农场主的要求。农场主并没有多说什么，而是积极地想办法。后来他和管家一起动手把这些大柴火劈成小的。在劈柴的过程中，他们发现在一段圆木上有个很大的树洞，劈开发现其中有一个破烂的手包。他们好奇地打开手包，发现里面有很多的钞票。

农场主想把这些钞票还给年轻的伐木人。于是，他又拿起电话问那些柴火是在哪里砍的，伐木人唯恐别人知道了自己获得木材的地方，还是不愿说出来。后为，农场主要求他亲自来自己家里一趟，又被他以无理要求再次拒绝。

尽管做了很多努力，农场主还是没能知道那段圆木是在哪里砍的，也不知道是谁把钱藏在里面的。后来，他用这些钱创办了

焦虑心理学：不畏惧、不逃避，和压力做朋友

一个木材厂，而那个年轻人依旧以艰难的伐木为生。

这位农场主拥有积极心态，意外得到一笔钱，而消极心态的伐木人错失了一个改变命运的机会。由此可见，消极的心态排斥美好的事物。如果我们要想实现自己的美好愿望，关键要把自己的心态调整到一个最佳的状态。

日常生活中，我们不怀疑会有一些好运气存在。然而，那些以消极心态生活的人往往拒绝了降临到自己身上的好运。而拥有积极心态的人则能很好地调整自己的心态。

怀着消极心态的人不但想到外部世界最坏的一面，而且总是想到自己最坏的一面。他们不敢企求更好的目标，所以往往收获更少。当遇到一个新观念时，他们的反应往往就是"这是行不通的，从前根本就没有这么干过"。

生活就像一面镜子，我们从生活中看到的东西常常是自己心态的映照。假如你的心态是黯淡无光的，那现实生活在你的眼中就会是黯然无光的。假如你的心态是晴空朗朗的，那生活在你的眼里就会是充满阳光的。

如果一个人总是带着怀疑、恐惧、无奈的心情去生活，那无疑是在煎熬自己的生命；反之，一个人倘若能生活在充满喜悦的安详中，他就会发现原来生活是这样美好，他的心情就会一片宁静。

虽然有时候我们常常会因为遇到了困难而痛苦不安，可是苦难不会因为你的痛苦而消失。所以，当我们苦闷的时候不妨尝试着放松心情，暗示自己这是很正常的事情，根本就没有什么大不了。我们也可以适当倾诉，但是不能将心情一直沉浸在不幸的事情上。事实就是这样，人生处处都有希望，只要你想去做，尽力做，就能做得更好。

消极心态不仅影响人们的工作、学习和生活，而且还让人陷入悲观、失败的痛苦甚至绝望之中。因此，我们要想积极乐观地面对工作和生活，就必须要改变消极的生活态度，保持良好的心理环境。具体要注意以下几点：

期望值不宜过高

我们做每一件事情，都具有明确的目的性。因此，我们在确定目标或者是对预期结果进行设想时，要注意不要把期望值定得过高，要把各种不利因素都充分考虑进去，给自己留出一定的余地。这样确定出来的目标，经过自己的一番努力之后，我们就能够实现，并有可能超过，这样就能体会到成就感。如果我们把目标定得过高，等待我们的往往是失望。

学会自我调适

人处在逆境中，要注意保持心理平衡。要认识到，事情已经发生了，任何痛苦忧愁都不能改变现实。与其郁郁寡欢，不如努力调适自己，化抱怨为抱负。

比如，我们可以有意识地转移自己的注意力，尽可能多想一些高兴的事，尽可能多想一些让自己放松的事情。自觉地用乐观情绪来冲淡消极情绪、取代消极情绪。

学会自觉疏泄

人们在感到不高兴时，往往闷头不语，这是非常不好的。尤其是对于女性来说，最好不要郁积在心，要主动向丈夫、知心朋友倾诉自己的心里话。这样，一方面在叙说过程中，一些消极情绪会释放出来，心中有一种舒畅的感觉；另一方面，经别人帮助分析，进行劝慰，可以从原来的思维方式中跳出来，让自己的精神负担得到解脱。

培养乐观开朗的性格

要改变消极情绪，最根本的是要培养自己乐观开朗的性格。在现实生活中我们要豁达洒脱，对生活中的一些挫折，不要看得过重，更不要斤斤计较、耿耿于怀。要学会用生活中那些美好的东西来陶冶自己的情操，使自己感到生活的充实，让自己对生活充满信心。

正是"糟透了"的定义方式影响了我们

生活中，我们不可能不遇到逆境，有悲观情绪的人总喜欢把事情想到最坏的一面，稍微遇到一点困难就会说出"太糟糕了"或"糟透了"。

"糟透了"是一种消极的心理暗示，意思是说事情到了无法挽回的地步了，仿佛天马上就要塌了下来。这种思维方式一旦形成，哪怕是一个很小的打击也足以使他绝望，令他一败涂地。

"太好了"和"太糟了"是两种完全不同的心态。面对得失，他们能左右你的心情，决定让你是快乐还是烦恼，是积极挽救还是消极面对。看待事情不同的思维方式直接影响着心情的好坏。

一个老太太有两个女儿，大女儿嫁给了一个卖伞的，二女儿嫁给了一个卖草帽的，她希望两个女儿都可以挣到钱。

于是，每到晴天，老太太就唉声叹气地说："大女婿的雨伞不好卖，大女儿的日子不好过了。"可是一到雨天，她又想起了二女儿："雨天没有人买草帽了，二女儿可怎么过？"这样一来，无论晴天还是雨天，老太太总是不开心。

一天，老太太的邻居看她整日忧愁，感觉非常好笑。便对老太太说："下雨天的时候，你应该想到大女儿的伞好卖多了，晴天的时候，你要想到二女儿的草帽生意不错，这样想她们的生意都不错，你不就天天高兴了吗？"

老太太听了邻居的话，从此不再唉声叹气，天天脸上都有了笑容。

面对同一件事，由于心态的不同，得出的结论也就不同，最后获得的快乐更加不同。正如英国作家萨克雷所说："生活就是一面镜子，你笑，它也笑；你哭，它也哭。"

在我们的生活中，每天都有很多事情要发生。而每一件事都有它的正反两面，这样看也许就是快乐，那样看没准儿就是烦恼。如何及时调整心态，积极乐观地对待每件事，遇事往好的方面想，好运便会自然来到。

琳达今年 36 岁，两年前离了婚，曾经流产两次。她现在对婚姻没有过多的期待，最渴望生小孩，她感到如果自己不能生一个孩子，她的生活就会有很大一部分的缺失，而这种遭受严重损失的感觉让她觉得生活"糟透了"。更糟糕的是，她一直都没能找到合适的对象。所以，她为此郁闷不已。

过了一段时间后，随着她找到合适对象的希望日益渺茫，她变得更加抑郁。遇人就诉说这种处境，而且总会说一句"真是糟透了"。事实上，琳达明白，不能生小孩其实并不能说是糟糕透了，而是因为她总是由此想到以前的不幸经历，加上她想要生小孩的愿望非常强烈，所以如果无法实现这个愿望，就的确称得上是一件"糟透了"的事。

直至有一天，这种"糟透了"的定义方式严重影响到了琳达的工作和生活。她找到一个心理医生咨询。医生设法让她明白，虽然将她遭受损失的情况称为"糟糕"的确会让她很悲伤也很难过，但将其称为"糟透了"就不仅仅只会让她感到悲伤难过了，还会让她感到绝望，没有任何解决的办法。"糟透了"这几个字意味着她所遭受的损失让她感到很悲伤，可是这种悲伤本来是不应该存在的。

心理医生还告诉她说："就你的情况而言，各种程度的损失和悲伤当然应该存在。只是你过于强调这种感受，难免会陷入这种被痛苦反复折磨的日子。如果你把这种不幸称为'糟透了'，就会给自己带来抑郁感。这对于你生小孩或得到自己所想要的东西都没有任何好处。"

通过心理医生的疏导，琳达自己通过心态调整，她明白了这个道理。当她开始想事情原本没有那么糟糕，内心仿佛就没那么痛苦了，心情就会好得多。

于是，琳达开始不断告诉自己，"情况尽管不理想，但只是糟而已，根本就称不上是糟透了！虽然我的悲伤仍会存在，但我却能解除自己的抑郁感。即使是巨大的悲伤也称不上是'糟透了'"。

后来，琳达逐渐消除了自己的抑郁感，她开始不断尝试，并希望能找到一个合适的伴侣，然后完成自己做母亲的心愿。

"糟透了"这样的字眼暗示了一种坏到不能再坏的程度。其实很多事情，并没有严重到无法补救的程度。除非你硬要把"坏"定义为"糟透了"，否则，没有什么东西可称得上是"糟透了"的。因此，请不要再随意说"糟透了"之类的消极语言，不要让这种定义方式影响到自己的生活，否则你将终日抑郁。

要知道，生活中总会遇到很多事情。当你得到的时候，要倍加珍惜，当你失去的时候，也不必懊恼。有时坏事可以变成好事，相反好事也可能变成坏事，就看你用什么心态面对了。

消除"不可能主义"

生活中，对于消极失败者来说，他们的口头禅永远是"不可能"，这已经成为他们的失败哲学，他们奉行着"不可能"主义，一直走向失败。

古代波斯有位国王，想挑选一名官员担当一个重要的职务。

他把那些智勇双全的官员全都召集来，想试试他们之中究竟谁能胜任。官员们被国王领到一座大门前。面对这座国内最大的、来人中谁也没有见过的大门，国王说："爱卿们，你们都是既聪明又有力气的人。现在你们已经看到，这是我国最大最重的大门，可是一直没有打开过。你们中谁能打开这座大门，帮我解决这个久久没能解决的难题？"

不少官员远远地望了一下大门，就连连摇头。有几位走近大门看了看，退了回去，没敢去试着开门。另一些官员也都纷纷表示，没有办法开门。这时，有一名官员走到大门下，先仔细观察了一番，又用手四处探摸，用各种方法试探开门。几经试探之后，他抓起一根沉重的铁链子，没怎么用力拉，大门竟然开了！原来，这座看似非常坚牢的大门，并没有真正关上，任何一个人只要仔细察看一下，并有胆量去试一试，比如拉一下看似沉重的铁链，甚至不必用多大力气推一下大门，都可以打得开。如果连摸也不摸、看也不看，自然会对这座貌似坚牢无比的庞然大物感到束手无策了。

国王对打开大门的大臣说：“朝廷那重要的职务，就请你担任吧！因为在别人感到无能为力时，你却会想到仔细观察，并有勇气冒险试一试。”他又对众官员说：“其实，对于任何貌似难以解决的问题，都需要我们开动脑筋、仔细观察，并有胆量冒一下险，大胆地试一试。”

那些成功的人们，如果当初都在一个个“不可能”的面前因恐惧失败而退却，而放弃尝试的机会，他们也将平庸。没有勇敢的尝试，就无从得知事物的深刻内涵，而勇敢做出决断了，即使失败，也由于对实际的痛苦亲身经历而获得宝贵的体验，从而在命运的挣扎中愈发坚强、愈发有力，愈接近成功。

只要敢于蔑视困难、把问题踩在脚下，最终你会发现：所有的“不可能”，都有可能变为“可能”。

“不可能”只是失败者心中的禁锢，具有积极态度的人，从不将“不可能”当回事。

科尔刚到报社当广告业务员时，经理对他说：“你要在一个月内完成 20 个版面的销售。”

20 个版面，一个月内？科尔认为不可能完成，因为他了解到报社最好的业务员一个月最多才销售 15 个版面。

但是，他又不相信有什么是“不可能”的。他列出一份名单，准备去拜访别人以前招揽不成功的客户。去拜访这些客户前，科尔把自己关在屋里，把名单上的客户的名字念了 10 遍，然后对自己说："在本月之前，你们将向我购买广告版面。"

第一个星期，他一无所获；第二个星期，他和这些"不可能的"客户中的 5 个达成了交易；第三个星期他又成交了 10 笔交易；月底，他成功地完成了 20 个版面的销售。在月度的业务总结会上，经理让科尔与大家分享经验，科尔只说了一句："不要害怕被拒绝，尤其是不要害怕被第一次、第十次、第一百次，甚至上千次的拒绝。只有这样，才能将不可能变成可能。"

报社同事给予他最热烈的掌声。

在生活中，我们时常碰到这样的情况：当你准备尽力做成某项看起来很困难的事情时，就会有人走过来告诉你，你不可能完成。其实，"不可能完成"只是别人下的结论，能否完成还要看你自己是否去尝试，是否尽力了。是否去尝试，需要你克服恐惧失败的心理；是否尽力，需要你克服一切障碍，获得力量。以"必须完成"或者"一定能做到"的心态去拼搏奋斗，你一定会做出令人羡慕的成绩。

在积极者的眼中，永远没有"不可能"，取而代之的是"不，可能"。积极者用他们的意志、他们的行动，证明了"不，可能"的"可能性"。

"只要有足够的意志力、足够的头脑和足够的信心，几乎任何事情都可以做到。"不是不可能，只是暂时没有找到方法。不要给自己太多的框框，不要总是自我设限，应该将注意力的焦点集中在找方法上，而不是在找借口上。"这世界现在进步得太快了，如果有人说某件事不可能做到，他的话通常很快就会被推翻，因为很可能另一个人已经做到了。在信心和勇气之下，只要我们认为可以做到，就可以以科学的方法推翻'不可能'的神话，我们就可能做成任何我们想做的事情。"

别再说"我受不了"，事情没那么坏

在现实生活中，有些人总是喜欢放大自己的不如意。工作中受了一点委屈，或是朋友误会了自己，只要是自己不喜欢的事情发生，他们往往就会不知所措地抱怨："我受不了了！我没法再忍受下去了！"可实际情况远没有那么糟。

仔细分析一下，你会发现没什么事情让你真的受不了。即使你当时无法接受一些事情，可等自己冷静下来你就会发现，事情并没有糟糕到无法挽回的地步。

张伟大学毕业进入了一个软件开发公司，他本人能力出色，进公司不到半年，就为公司开发出好几种软件。可他与上司的关系并不好，这一度让他的人际关系陷入僵局。

那些工作能力不如他的人对上司阿谀奉承，赢得了上司的青睐。在一次晋升中，张伟本来很有希望升为项目组长，结果却被一个比他进公司晚、能力不如他的同事抢先了。

张伟宁愿坚持自己的原则，也不愿将自己变成一杯水，可以装进任何容器里。他不愿妥协于阿谀谄媚，他觉得自己实在无法忍受主管的反复无常和假公济私，决定离职。

在递辞职信时，他在楼梯间遇见别的部门的主管，他俩仅有数面之缘，他微微一笑，点头招呼。这主管看见他手上的辞职信，一脸的惊讶，对他说："如果你另有高就，那恭喜你；如果是为了你们部门的主管，那你可能要考虑一下。你一定要学习着如何与不同的人相处，不然你永远都会遇见这种人，然后手足无措。"

张伟听了这番话，突然明白了，其实这件事没有自己想象得那么严重，不是什么大不了的事。如果因为这个而影响了自己的职业发展，就得不偿失了。后来，张伟没有离职，他试着去学习如何与主管相处，他仍然不认同一些与自己原则相悖的事情，但他不反抗。他能看见事情好的一面，和主管之间也从对立变成平行。

也许你真的无法承受某些痛苦的事情，如没能找到一份好工作，或者被你所爱的人拒绝，但你会因此就失去生命吗？不会的。

事实上，在那些你不喜欢的事情中，几乎没有什么事对你来说是性命攸关的，而且如果你真的面临实实在在的危险，那么你反而不会轻易说："我受不了了！"也就是说，你实际上是能够忍受几乎每一件你所不喜欢的事情的。

我们在一起 5 年了，我脾气不好，他一直都谦让我。前几天，我们还商量以后结婚的事情，我们一起设计了房子的装修图纸。我从来没有想过分开，一辈子都忘不了他给我的温暖的感觉。除了他，我没有想过会与另一个男人结婚。

可是就在昨天，我们分手了，现在我生活中的一切都有他的身影，我用的东西都是我们一起买的。我求他，想挽回这段感情，可是他坚定地说："不可能了。"我问他原因，他说我们总吵架，我们的性格不合。

他真的就这么残酷吗？我不相信他不爱我了。我太痛苦了。我无法接受这个事实，我们快结婚了，我把这份感情看得那么重，而他却这么无情。我每时每刻都能想起他对我的好，太折磨人了，我快受不了了。

像上面这个女孩所说"受不了失恋的痛苦"，"没法忍受失去我心上人的爱"之类的想法其实是被夸大了的。事实上，无论多么严重的事情发生后，你仍有选择的余地。你不但可以去处理它们，而且可以去寻求其他方面的满足感。

让我们主动去降低"受不了了主义"的负面影响吧。走出自我设置的困境，面对现实，坦然接受，相信你可以做得更好。

将抵触感消弭于无形

什么是抵触感？抵触感简单地说就是面对一件事情或者是一个人，你在心里会产生厌恶情绪或者是害怕去面对的心理。一个人之所以会产生抵触心理，很重要的一个原因是他把他面对的这个事物想象为对自己不利的。人们产生抵触心理，最主要的原因是自己的心理在作怪。明白了这一点，我们就会慢慢消除自己的抵触感。

抵触情绪在日常生活中非常普遍，几乎人人都有抵触情绪，只是程度不同而已。一个小孩在学校受到老师的批评，那么这个小孩就会产生抵触心理，会特别讨厌这个老师，只要一上这个老师的课，自己心里就不高兴；一个成年人在工作中因受到别人对领导恶评的影响，自己心里也认定领导一无是处，于是只要看到这个领导心理就不自在；一个人在做一件事情的时候，一而再再而三的失败，于是，今后再做类似的事情，这个人心里就会产生很明显的抵触情绪，要么对类似的事情逃避，要么对类似的事情恐惧……但不管是学生对老师的抵触，员工对领导的抵触，还是一个人逃避自己不想做的事情，对一个人的发展来说，都是不利的。抵触感不仅会破坏人与人之间的和谐，还会养成一个人逃避的习惯。因此，我们要想摆脱不利因素对自己成长的羁绊，就必须要消除自己的抵触感。

第一，转移注意力是消除抵触感的有效方法。这个方法特别适用于消除孩子的抵触感。

孩子如果在学校里受了委屈后，家长应该给予及时的心理安慰，切忌小题大做，盲目地批评老师。倘若如此，只能加重孩子的抵触情绪。

第二，与你抵触的人多多交流。

对别人产生抵触心理，是一个人人际关系的大敌。产生抵触心理的直接后果就是破坏一个人的好心情，使人产生不愉快的体验。

而以诚挚的心与别人交流，并在交流的过程中多去发现他的优点和长处，你或许会发现，他根本就没有你想象得那么糟糕。

第三，学会换位思考。

在生活中，我们难免与别人发生矛盾，这些矛盾冲突如果不及时消除，就会导致抵触心理，进一步发展就会降低自己的做事效率，甚至激化人与人之间的矛盾。改变这种不利处境的最理智的办法，就是换位思考——试着把自己置于对方的立场去思考、去感受，你就会慢慢发现对方的难处，并在这个过程中改善自己与对方的关系，减轻或避免自己对别人的抵触情绪。

我们都希望别人对自己好，事实上，你想别人怎样对你，你就得先怎么对待别人。不要害怕，放开你的心胸，主动去沟通，真诚地去了解你身边的人和事，你就会发现那些令你抵触的东西其实也没那么讨厌。

　　　　　　焦虑心理学：不畏惧、不逃避、和压力做朋友

世界接受的是我们对自己的评价

世界只接受我们自己对自己的评价。如果你坚持相信生命是孤苦的，没有人爱你，那么，你的世界很可能真的孤苦和没有人爱——因为你自己躲在阴暗处，太阳自然照不到你。然而，如果你愿意抛弃这种信念，相信"到处充满了爱，人们爱你，你也爱别人"，并坚信这种新的信念，那么你的世界就会变成这样。可爱的人将会走进你的生活，原先就在你生活中的人也会变得更加可爱，你会发现，你更容易向别人表达你对他们的爱。

你有没有这样的经历，你遇到某个人，而且一看就知道，你不喜欢他，因为他长得像曾经伤害过你的人。不管他们做了什么，都只是在加强你对他们的错误评价。其实，真正地相处下来，也许当初这个让你一看就烦的人，实际上很可爱的。所有的对他的评价只是我们内心给自己的结论。烦恼也是如此，真正的烦恼也是自己给自己的。

一位心理学家为了研究人的烦恼的来源，做了一个有趣的实验。他让参加实验的志愿者在周日的晚上把自己对未来一周的忧虑与烦恼写在一张纸上，并署上自己的名字，然后将纸条投入"烦恼箱"。

一周之后，心理学家打开了这个箱子，将所有的"烦恼"还给其所属的主人，并让志愿者们逐一核对自己的烦恼是否真的发生了。结果发现，其中90%的"烦恼"并未真正发生。随后，心理学家让他们把过去一周真正发生过的烦恼记录下来，又投入"烦恼箱"。

三周之后，心理学家再次把箱子打开，让志愿者重新核对自己写下的烦恼，这次，绝大多数人都表示，自己已经不再为三周之前的"烦恼"而烦恼了。

在这个实验中，我们都会发现：烦恼原来是预想的很多，出现的却很少；自认为沉重到无法负担，转瞬也许便如骤雨急停。人生的烦恼大都是自己寻来的，而且大多数人习惯把琐碎的小事放大。

"月有阴晴圆缺，人有悲欢离合"，自然的威力，人生的得失，都没有必要太过计较，太较真了就容易受其影响。人到世间来，不是为苦恼而来的，所以不能天天板着面孔。伤心、烦恼、失意，这样的人生毫无乐趣而言，所以，我们应该为自己的人生塑造一个乐观、积极、进取的心态，快乐地活着。

"钝感力"：面对挫折不过度敏感

"钝感力"一词源自日本，由日本著名作家渡边淳一在《钝感力》中首创。按照渡边淳一的解释，钝感力可直译为"迟钝的力量"，即从容面对生活中的挫折和伤痛，坚定地朝着自己的方向前进，它是"赢得美好生活的手段和智慧"。其实钝感力的实质，正是一种不焦虑、以忍图强的处世方式。钝感不等于迟钝，它强调的是对周遭事务不过度敏感，沉住气，不骄不躁，集中力量，专注目标的生存智慧。

钝感力是立身处世不可或缺的品质。我们也许都有这样的体会：同样的失误，同样的苛责，有的人感觉痛不欲生，以致影响事业和生活的和谐；有的人却只是失落一阵，很快就恢复常态，天塌下来依然故我，他的事业、生活没有受到多大困扰，依然运行在正常的轨道之上。许多研究发现，企业中最优秀的员工往往不是最聪明的，也不一定是最能干的，但他们都有一个共同点：他们能够以最合适的状态及心境应对一切变化。在与公司共同发展的过程中，无论是逆境、顺境，表扬或批评，都无法轻易动摇他们对于自我价值的判断以及坚持到底的决心。很多时候，他们是同事眼中冥顽不化的愚笨者，是别人眼中反应迟钝的平庸者，但经过许多次的考验之后，这些"迟钝者"却往往以其坚忍不拔的精神最终获得管理者的赏识，成功实现晋升的梦想。

百荣集团是所在行业的知名企业，在声名远播的同时，集团面临的内外压力也是与日俱增：一方面竞争对手步步紧逼，不断抢占市场份额；另一方面，集团内部营销体系及相应的制度都有些混乱，区域市场的管理出现许多漏洞。张智与刘明都是百荣集团刚引入的高级营销人才。他们出任公司的营销部经理，分管不同的市场，共同向总经理及董事会汇报。

从工作背景来看，两个人不分伯仲：毕业于名牌大学，都曾任职于著名外企，具有较强的实力和丰富的经验，并且干劲十足。

在正式接管之后，两个人做的第一件事就是对自己所负责的区域进行大刀阔斧的改革，并引入外资公司一套成熟的制度进行实践。虽然职业背景非常相似，但张智与刘明两人的工作风格却大相径庭。张智做事雷厉风行，并且说话直言不讳。他的洞察力与市场判断力让许多下属颇为佩服。而刘明却憨厚随和，性格不温不火，做事从不急进。许多人都认为张智将会比刘明更能做出成绩。

由于张智与刘明对区域市场进行了改革，触及了公司中诸多人的利益。在他们上任几个月后，一些员工产生了抵触情绪，各种非议纷至沓来，更有人写匿名信编造各种借口举报他们。张智与刘明都面临着巨大的压力。

张智的性格急躁，对于这些无中生有的指责表现激烈，同时对于公司管理层的询问又表现出极大的反感，认为领导层应该给自己充分的信任与支持，而不能以这些莫须有的指责扰乱自己的情绪。为了实现既定目标，张智不断向区域经理下达死命令，不断地进行开会督促。一旦某一项任务没有完成，张智会怒发冲冠，并施以重罚，警告团队必须如期完成。张智的情绪化表现非常明显。他心情好时可以与团队打成一片，但当他情绪低落时，整天阴沉不语，经常为一点小事发怒训人，让下属根本不敢与他沟通。

焦虑心理学：不畏惧、不逃避，和压力做朋友

刘明的表现则平静得多。虽然也肩负重担，但他有条不紊。无论是任务布置还是工作推进，无论是取得成绩还是遇到障碍，他都能够心平气和地与团队共同研讨对策。而对于各种各样的非议与批评，刘明充耳不闻，依然淡定自如，他似乎并不太在意别人的评头品足，只是一心走自己的路。更令下属感激的是，由于某区域经理的失误，导致业绩下滑，整个团队受到董事会严厉批评之时，刘明却一个人抗住压力，耐心向董事会解释其中原因，并阐述接下来的应对措施以及未来的发展前景，从而取得了谅解。

一年半过去了，张智与刘明都以各自的方式顺利完成了向董事会承诺的目标。公司管理层决定提拔两个人中的一个出任营销总经理。多数员工支持刘明晋升为营销总经理，原因很简单，虽然张智的能干让人佩服，但刘明的"钝"让人更有持久的信心。总经理的评价则是：张智是个将才，但刘明是个帅才。敏于心，钝于外，这就是我们所期望的稳健型领导者。

如果说敏感力是一种外在的洞察力，那么钝感力则是一种内在的坚持力。相对于洞察力，坚持力是一种更持久的耐力与爆发力。现代社会的竞争越来越激烈，在这场没有硝烟的战争中，人与人之间的"斗争"在所难免，优胜劣汰成为常态。保持一定的敏感度是必要的，但更为重要的是沉得住气，排除一切干扰，为成功而坚持不懈地努力。正是这种貌似"迟钝"的顽强意志使我们突破重重障碍，步步向前——而这，就是钝感的力量所在。

在生活中，如果我们能多一些"钝感"，少一些"敏感"，为梦想穿上"钝感"的战衣，将使我们减少许多的杂念、忧愁、纷争，以便我们更好地将精力投入到工作中去，创造出更为优秀的业绩。

将烦躁情绪消除在萌芽状态

解决困难最好的办法是什么？是在困难的萌芽期，就把困难解决掉。同样，消除自己的不良情绪的最佳时期也是其萌芽状态。

一位睿智的老师与他年轻的学生一起在森林里散步。走着走着，老师突然停了下来，仔细地看看身边的四株植物：第一株植物是一棵刚刚破土而出的幼苗；第二株植物已经算得上是挺拔的小树苗了，它的根牢牢地扎在肥沃的土壤中；第三株植物枝叶茂盛，差不多与年轻学生一样高大；第四株植物是一棵巨大的橡树，年轻学生几乎看不到它的树冠。

老师指着第一株植物对他的学生说："把它拔起来。"学生用手指轻松地拔出了幼苗。"现在，拔出第二株植物。"学生听从老师的吩咐，略加力量，便将树苗连根拔起。"好了，现在，拔出第三株植物。"学生先用一只手进行了尝试，然后改用双手全力以赴。最后，树木终于倒在了脚下。"好的，"老教师接着说道，"去试一试那棵橡树吧。"学生抬头看了看眼前巨大的橡树，想了想自己刚才拔那棵小得多的树木时已经筋疲力尽了，所以他拒绝了教师的提议，甚至没有做任何尝试。

"我的孩子，"老师叹了一口气说道，"你的行为验证了生活的常识：习惯对一个人生活的影响是多么巨大！"

这个近似寓言的小故事，其实告诉了我们这样一个道理：无论是好的习惯还是坏的习惯，一旦形成了，就会变得牢固，就像挺拔的橡树一样，任凭你使用多大力气也很难扭转。所以，在那些不良的习惯还没有牢固之前，我们就应该及时改正，将坏习惯扼杀在萌芽的状态。

生活中的习惯其实有很多种，有的是单纯的卫生习惯，比如勤换衣服、保持良好的卫生环境；有的却是属于我们精神层面的习惯，比如有的人贪财，有的人好色，有的人易怒……这些都是习惯在人们生活中不同方面的表现。而现代社会中，人们在忙碌中也养成了另一个不好的习惯——烦躁。

你有没有这样一种感觉，当给自己的朋友打电话的时候，你问朋友最近忙什么，朋友一开口"烦死了，最近都快忙死了""太烦人了，正在赶一个很大的项目""实在受不了了"……人们用种种同义词倾诉着相同的主题，宣泄着对生活的不满。

可是，如果我们愿意静下心来梳理一下烦恼的源头，就会发现那些惹我们生气的或许根本就只是一些小事。那些鸡毛蒜皮的小事总是让我们烦恼、生气，进而发怒，严重的还会因此摔东西、打骂周围的人。更有甚者，还会因为公交车上谁踩了谁一脚，打得头破血流。这些怨恨、怒气与烦恼，究其原因都是因为我们在厌烦的时候没有进行有效地克制，而是任由不良情绪滋长。久而久之，内向型的人就会抑郁，外向型的人就会狂躁，甚至不分场合就发脾气。

这样一来，我们的生活自然会受到影响——因为烦躁，我们的生活自然也不会快乐。

那么，为了生活得快乐，该如何控制自己的烦恼，使烦恼不至于像植物一样生长呢？有人说，应该在烦躁的时候睡觉，有的人说应该出去逛街看电影，也有人说应该找朋友们聊天散心……不管采用什么样的方法，其实想要达到的目标只有一个：消除刚刚萌发的烦恼。

别让烦恼从豆芽菜长成参天大树。这是一个很形象的比喻，当我们的烦恼刚刚滋生的时候，我们不妨就将它连根拔起，这样既不会太耗费我们的精力，也不至于让烦恼越长越大，以致我们没有力气拔起。

克服广泛性焦虑症的规则手册

1. 放松你的思想和身体。有意识地对肌肉进行放松练习，缓慢呼吸。要适应当下、活在当下，释放紧张与压力。

2. 你一定要明白，想法异于现实，不可同等对待。人每天都会产生许多不同的想法，但这一切只存在于大脑之中，与现实有着很大的区别。放缓并均匀你的呼吸，试着只是单纯地审视自己的想法，然后对自己说："这只是一个想法而已。"

3. 检查忧虑是否合理。认真检查那些有利证据和有害证据。想想，如果换作是别人你会怎么说。

4. 做一个对比测试，写下你的各种预测，记录你产生的各种忧虑，然后对比现实中真正发生了什么。多次对比之后你就会对它失去兴趣，逐渐摆脱忧虑。

5. 每天写情绪日志，认可自己的情绪。不管是积极情绪，还是消极情绪。重新认识你的情绪，并弄清楚它们为什么并不危险。逐渐认可你自己。

6. 认清自己的局限性。这个世界上有许多事情是你无法掌握的。这些并不意味着你无能。你应当学着接受不确定性，接受你自己的局限。明白在真实世界里你的能力所在，以及你自己存在的价值。

7. 情况并不那么紧急，你不需要立刻知道结果。你不知道结果也不会改变事情的发展方向。此刻，不妨去享受一下现在的生活。

8.停止控制自己的焦虑情绪。不要试图停止或控制你的焦虑，不妨因势利导，重复你的焦虑，通过一遍遍重复同样的焦虑想法，让自己感到厌烦。一旦你厌倦了这种情形，那么焦虑就自然离你而去了。

9.疯一把。不用担心，你不会因为焦虑而发疯的。你可以放任一下自己的情绪，这样有助于克服你对自己的焦虑。

10.勇敢地面对你的恐惧。不断在脑中重复面对最可怕的恐惧。久而久之，你会发现，你的想法和画面会变得索然无味。抵挡恐惧的方法，就是让自己感到乏味。

11.体验你的不确定。让自己沉浸在各种假设中，直到你对这一切感到厌倦。

第二章

直面恐惧：谁也给不了你安全感，

除了你自己

恐惧：焦虑的极致体现

古罗马有句箴言："恐惧所以能统治亿万众生，只是因为人们看见大地寰宇，有无数他们不懂其原因的现象。"中国宋朝理学家程颢、程颐也说出了相同的意思："人多恐惧之心，乃是烛理不明。"亚里士多德说得更明确："我们不恐惧那些我们相信不会降临在我们头上的东西，也不恐惧那些我们相信不会给我们招致那些事的人，在我们觉得他们还不会危害我们的时候，是不会害怕的。"

因此，恐惧是因特殊的人、以特殊的方式、并在特殊的时间条件下产生的。显然，恐惧产生于惧怕，但惧怕的形成源于无知，源于对已经历或未经历的事的不认识。

恐惧既让我们无法充分地展示自我，同时又阻碍着我们爱自己和爱他人。没来由的、荒谬可笑的恐惧会把我们囚禁于无形的监牢里。

然而，恐惧有时也可以为我们所用。某些恐惧对于自我的保护乃是必要的。对危险的直觉可以提高我们的警惕，帮助我们调动一切手段来使自己免受伤害。

夏天的傍晚，有个人独自坐在自家后院，与后院相毗邻的是一片宁静的森林。这人的目的，就是要在接近大自然的环境中放松放松，享受一下黄昏时分的宁静。天色渐渐暗下来，他注意到，树林里的风越刮越大了。

于是他开始担心，这样的好天气是否还能保持下去。接着，他又听到树林深处传来一些陌生的声音。他甚至猜想，可能有吃人的动物正向他走来。不大一会儿，这个人满脑子都是这种消极的想法，结果变得越来越紧张。这个人越是让怀疑和恐惧的念头进入他的头脑，他就离享受宁静夏夜的目标越远。

这个人的体验很好地验证了布赖恩·亚当斯的生活法则："恐惧是无知的影子，若抱有怀疑和恐惧的心理，势必导致失败。"

很多时候，恐惧其实并不能伤害我们。在忐忑不安的心绪的支配下，一种自然而然的焦虑就会在我们的心中积聚起来，转化为恐惧和惊慌失措。在这种情况下，我们就不能充分地享受生活了。因此要战胜内心的恐惧，我们所要做的就是从内心里正视自己的恐惧，认清它的荒唐无稽之处，然后，毫不犹豫地甩掉它，轻轻松松、潇潇洒洒地生活。

恐惧是我们生命情感中难解的症结之一。面对大自然和人类所处的社会，每个人的进程从来都不是一帆风顺和平安无事的。每个人总会遭遇到各种各样意想不到的挫折，遭遇不同类型的失败和痛苦。当一个人预料到将会有某种不良的后果会产生或自己马上要受到威胁时，这个人就会产生一种不愉快的情绪，并为此紧张不安，为此忧虑烦恼，为此担心恐惧，严重的时候，一个人的情绪就会从轻微的忧虑一直发展到最后的惊慌失措。

《直面内心的恐惧》一书的作者弗里兹·李曼整理了四个恐惧的原型：

1. 害怕失去自我，避免与人来往。

2. 害怕分离与寂寞，百般依赖他人。

3. 害怕改变与消逝，死守着熟悉的事物。

4. 害怕既定的事实与前后一致的态度，专断自为。

找到你恐惧的原型，针对它进行有意识的训练和改变，我们还有什么可以恐惧的呢？

过分恐惧会产生致命的危害

过分恐惧会产生致命的危害，它摧残人的创造精神，足以消灭个性而使人的精神机能趋于衰弱。一个人一旦心怀恐惧，几乎做什么事都不会成功。

恐惧的破坏力非常大：恐惧使创新精神陷于麻木；恐惧毁灭自信，导致优柔寡断；恐惧使我们动摇，不敢做任何事情；恐惧还使我们怀疑和犹豫。恐惧是一个人能力上的大漏洞，有许多人把他们一半以上的宝贵精力浪费在毫无益处的恐惧上。

20世纪70年代，中国科技大学的"少年班"全国闻名。在当年那些出类拔萃的"神童"里面，就有今天的微软全球副总裁、IEEE 最年轻的院士张亚勤。在当时，全国大多数人都只知道有一个叫宁铂的孩子。20 年过去了，宁铂悄悄地从公众的视野里消失了，而当年并不知名的张亚勤却享誉海内外，这是为什么呢？

张亚勤和宁铂的区别，主要在于他们对待挑战的态度不同。张亚勤在挑战面前勇于进取，不怕失败，而宁铂则因为自己身上寄托了人们太多的期望，反而觉得无法承受，甚至没有勇气去争取自己渴望的东西。

大学毕业后，宁铂在内心里强烈地希望报考研究生，但是他一而再、再而三地放弃了自己的希望。第一次是在报名之后，第二次是在体检之后，第三次则是在走进考场前的那一刻。

张亚勤后来谈到自己的同学时，异常惋惜地说：

"我相信宁铂就是在考研究生这件事情上走错了一步。他如果向前迈一步，走进考场，是一定能够通过考试的，因为他的智商很高，成绩也很优秀，可惜他没有进考场。这不是一个聪明不聪明的问题，而是一念之差的事情。就像我那一年高考，当时我正生病住在医院里，完全可以不去参加高考，可是我就少了一些顾虑，多了一点自信和勇气，所以做了一个很简单的选择。而宁铂就是多了一些顾虑，少了一点自信和勇气，做了一个错误的判断，结果智慧不能发挥，真是很可惜。那些敢于去尝试的人一定是聪明人，他们不会输。因为他们会想：'即使不成功，我也能从中得到教训'。

"你看看周围形形色色的人，就会发现：有些人比你更杰出，那不是因为他们得天独厚，事实上你和他们一样好。如果你今天的处境与他们不一样，只是因为你的精神状态和他们不一样。在同样一件事情面前，你的想法和反应和他们不一样。他们比你更加自信，更有勇气。仅仅是这一点，就决定了事情的成败以及完全不同的成长之路。"

恐惧严重阻碍着我们的发展，但恐惧并非不可战胜。那么，我们具体该怎样战胜恐惧呢？

首先，改变对恐惧的观念。恐惧纯粹是一种心理想象，是一个幻想中的怪物，一旦我们认识到这一点，我们的恐惧感就会消失。

也就是说，在实际生活中，真正的痛苦其实并没有想象中那么强大。那些使得我们未老先衰、愁眉苦脸的事情，那些使得我们步履沉重、面无喜色的事情，实际上并不会发生。

其次，坚定的信心是治疗恐惧的良药，它能够"中和"恐惧思想。所有的恐惧在某种程度上与自己的软弱感和力不从心有关，因为此时他的思想意识和体内的巨大力量是分离的。一旦他重新找到了让他自己感到满意和大彻大悟的那种平和感，那么，他将真正体味到自身的荣耀。

再次，行动，行动，再行动！反复行动是消除恐惧感的最佳方法。

有一个文艺作家对创作抱着极大野心，期望自己成为大文豪。美梦未成真前，他说："因为心存恐惧，我是眼看一天过去了，一星期、一年也过去了，仍然不敢轻易下笔。"

另有一位作家说："我很注意如何使我的心力有技巧、有效率地发挥。在没有一点灵感时，也要坐在书桌前奋笔疾书，像机器一样不停地动笔。不管写出的句子如何杂乱无章，只要手在动就好了，因为手到能带动心到，会慢慢地将文思引出来。"

初学游泳的人，站在高高的水池边要往下跳时，都会心生恐惧，如果壮大胆子，勇敢地跳下去，恐惧感就会慢慢消失，反复练习后，恐惧心理就不复存在了。

如果一个人恐惧时总是这样想："等到没有恐惧心理时再来跳水吧，我得先把害怕退缩的心态赶走才可以。"这样做的结果往往是把精神全浪费在消除恐惧感上。

这样做的人一定会失败，为什么呢？人类心生恐惧是自然现象，只有亲身行动，才能将恐惧之心消除。不实际体验，只是坐待恐惧之心离你远去，自然是徒劳无功的事。一个人只要不畏缩，有了初步行动，就能带动第二、第三次的出发，如此一来，心理与行动都会渐渐走上正确的轨道。

恐惧并不可怕，可怕的是你陷入恐惧之中不能自拔。如果你有成功的愿望，那就快点摆脱恐惧的困扰前进吧。

过度的紧张会让人不安

在某些事情上，紧张的情绪是有益的，这会使我们高度关注。但过于紧张就不好了，这会使简单的变得复杂，复杂的变得更加复杂，最后只能让自己处于惶惶不安当中。

刘宇来自某省山区，家中比较困难，全家人省吃俭用供他上学读书，而他读书也特别刻苦。虽然他就读的山区中学缺乏参考资料，师资力量薄弱，实验设备差，但凭着刘宇的勤奋刻苦，他终于不辜负全家人的期望，考上了北京的一所名牌大学。当他接到大学的录取通知书时，不仅他们全家，整个乡村都沸腾了。乡亲们激动得奔走相告，纷纷给他家送礼祝贺。

他母亲盛情难却，忍痛杀了家里唯一的一头肥猪招待大家。乡里连放了三天露天电影，有线广播也连续几天播出他刻苦学习、顽强拼搏的感人故事。村里还从有限的经费中拿钱给他购买了日常用品，并派人送他登上去北京的火车。他带着全家和全村人的厚望来到了北京，开始了大学的新生活。

四年过去了，刘宇经过刻苦的学习，成功地留在了北京这个繁华的城市，成为他们家乡第一个走出大山的人。也许，上班和上学有着本质的区别，也许是刚到一个新的陌生的环境，也许是对自己的要求过高过严，在短短的两周时间里，因思想过于紧张，刘宇严重失眠了。

刘宇白天昏昏沉沉根本无心工作，上司已经注意他好几天了。他工作时总是时不时出点小状况。他就这样一天一天地熬着，熬得眼眶发黑、脸色发黄、精神萎靡，和刚进公司时的他判若两人。

刘宇担心自己这样下去吃不消，身体搞垮不说，还影响自己在主管眼中的形象。他想辞职，又觉得进入这家大公司不容易，就这样放弃了又不甘心。为此，他更是睡不着觉，天天失眠。

紧张是人人都有的，在一定情景下出现的情绪状态。适度的紧张能提高人的反应速度和活动效率，但过度的紧张则是一种不正常的情绪状态，对人的心理和活动都会产生不良影响。

长期过度紧张会演变为紧张症。紧张症表现为精神和体力的失常，包括：疲乏，食欲不振或食欲过旺，头疼，好哭，失眠或睡眠过度。有紧张症的人常常通过喝酒、吸毒或其他强制性行为来解除紧张。伴随紧张情绪的可能是吼叫、莫名其妙的烦恼或者无所事事的感觉。

持续的紧张状态会破坏一个人机体内部的平衡，甚至引发疾病。如何有效地避免紧张情绪对人的身心造成的危害呢？心理专家认为，最有效、最便捷的方法是学会放松。

下面是几种放松的方法：

1. 在紧张的学习和工作之余，多参加自己喜爱的文娱体育及其他社会活动，使自己的注意力得以转移、情绪得以放松、心境得以开阔。例如欣赏一曲优美抒情的轻音乐或喜爱的戏剧唱段，也可以去看戏或跳舞，还可以练气功、打太极拳，去运动场跑跑步、打打球。如果你天生好静，不妨读一些轻松愉快、趣味性强的书刊，或去街头的林荫道、公园的花草丛中漫步。

2. 当你在工作中遇到难题或必须完成紧急任务时，不要烦恼和焦急，也不要急于求成，否则会方寸大乱。首先应该沉着，并做些放松性的自我暗示，"焦急是无济于事的""欲速则不达"，这样你就会放松下来去排除难题或完成任务。而一旦成功，将会形成良性刺激，使你得到进一步放松。

3. 生活不如意时，别忘了你身边的朋友，找他们倾诉是一个很好的选择。当你在生活中遇到不顺心的事情或出现争执，使你满腹愁云或怒火中烧时，可以与通情达理的爱人或志同道合的知己坦诚交谈，既可倾吐苦衷或宣泄怒气，又能得到理解与支持、安慰与开导。

对结果的预感往往会让人恐惧不安

许多人简直对一切都怀着恐惧之心：他们怕风，怕受寒；他们吃东西时怕有毒，经商时怕赔钱；他们怕人言，怕舆论；他们怕困苦的时候到来，怕失败，怕收获不佳……他们的生命中充满了怕、怕、怕！

卫斯里为了领略山间的野趣，一个人来到一片陌生的山林，左转右转，迷失了方向。正当他一筹莫展的时候，迎面走来了一个挑山货的美丽少女。

少女嫣然一笑，问道："先生是从景点那边迷路的吧？请跟我来吧，我带你抄小路往山下赶，那里有旅游公司的汽车在等着你。"

卫斯里跟着少女穿越丛林，阳光在林间映出千万道漂亮的光柱，晶莹的水汽在光柱里飘忽不定。正当他陶醉于这美妙的景致时，少女开口说话了："先生，前面不远处就是我们这儿的鬼谷，是这片山林中最危险的路段，一不小心就会掉进万丈深渊。我们这儿的规矩是路过此地，一定要挑点或者扛点什么东西。"

卫斯里惊问："这么危险的地方，再负重前行，那不是更危险吗？"

少女笑了，解释道："只有你意识到危险了，才会更加集中精力，那样反而会更安全。这儿发生过好几起坠谷事件，都是迷路的游客在毫无压力的情况下一不小心摔下去的。我们每天都挑东西来来去去，却从来没人出事。"

卫斯里冒出一身冷汗，并不相信少女的解释。他让少女先走，自己去寻找别的路，企图绕过鬼谷。

少女无奈，只好一个人走了。卫斯里在山间来回绕了两圈，也没有找到下山的路。

眼看天色将晚，卫斯里还在犹豫不决。夜里的山间极不安全，在山里过夜，他恐惧；过鬼谷下山，他也恐惧。况且，此时只有他一个人。

后来，山间又走来一个挑山货的少女。极度恐惧的卫斯里拦住少女，让她帮自己拿主意。少女沉默着将两根沉沉的木条递到卫斯里的手上。卫斯里胆战心惊地跟在少女身后，小心翼翼地走过了这段"鬼谷"。

过了一段时间，卫斯里故意挑着东西又走了一次鬼谷。这时，他才发现鬼谷没有想象中那么"深"，最"深"的是自己心中的"恐惧"。

恐惧是人生命情感中难解的症结之一。面对自然界和人类社会，生命的进程从来都不是一帆风顺的，总会遇到各种各样的挫折、失败和痛苦。当一个人预料将会有某种不良后果产生或受到威胁时，就会产生这种不愉快的情绪，并为此紧张不安，程度从轻微的忧虑一直到惊慌失措。

现实生活中，每个人都可能经历某种困难或危险的处境，从而体验不同程度的焦虑。恐惧作为一种生命情感的痛苦体验，是一种心理折磨。人们往往并不为已经到来的，或正在经历的事惧怕，而是对结果的预感产生恐慌，人们害怕无助、害怕排斥、害怕孤独、害怕伤害、害怕死亡的突然降临；同时，人们也害怕丢官、害怕失职、害怕失恋、害怕失亲、害怕声誉的瞬间失落。

美国著名作家、诺贝尔文学奖获得者福克纳说："世界上最懦弱的事情就是害怕，应该忘了恐惧感，而把全部身心放在属于人类情感的真理上。"

恐惧产生的结果多是自我伤害，它不仅让你丧失自信心或战斗力，还能使人被根本不存在的危险伤害。与恐惧相反，勇敢和镇定能使人变得强大，能减少或避免危害。所以，在面对危险的时候，一定要临危不乱，牢记勇者无惧的箴言，这样你才能从容面对生活并最终走向成功。

能够打败你的只有你自己

人的一生会遇到各种各样的挫折，在经历挫折之后，很多人或许会怀疑自己的能力、动摇了信心，甚至放弃未来成功的机会。在这之后，很多人开始抱怨命运的不公，抱怨命运对自己的打击太大，从此之后便一蹶不振。事实真是命运不公吗？不是，很多人之所以在遭遇挫折之后一蹶不振，最主要的原因是他们自己打倒了自己。换句话说，如果一个人在遭遇挫折之后，依然能够永不言败地追求自己的梦想，那么，他将永远不会屈服于命运，他的梦想也终能实现。

这个世界上没有任何人能够改变你，只有你能改变自己，没有任何人能够打败你，也只有自己才能打败自己。成功人士的共同特点在于他们拥有乐观的心态。面对任何困难与挫折，他们都会告诉自己要挺住，与一般人相比，他们拥有更强大的战胜自己的决心与毅力。

当然，一个人想要战胜自己，往往比战胜别人更困难，所以我们需要更多的勇气。人总是习惯于给自己找借口，当我们试图为自己辩解时，不要忘了，我们的心最难骗过。没有人愿意活在自己设下的陷阱中，那么，从现在起，停止对自己说"我放弃"，因为一旦我们放弃自己，别人就会毫不客气地放弃我们。

当然，要想让自己做到永不放弃，首先就得让自己拥有一种乐观的心态。

就像有人说的那样，同样一件事情，可能是好事，也可能是坏事，既可以是幸运，也可以是倒霉，关键取决于你用什么样的心态去看待，而不在于实际发生的事情本身。

行为心理学研究证明，当一个人产生一种信念或心态后，通常会把它付诸行动，行动本身又会加强并助长这种信念。因此，一个人对事态抱什么样的观念，就会给一个人的思想方法和行为举止涂上什么样的颜色。换句话说，一个人心目中的现实是好是坏，都是由他自己设计和建造出来的。如果认定了事情在变糟，他就有可能在不知不觉中给自己营造出不愉快的环境。因为一旦一个人觉得厄运即将临头，他就会举止失当，使预言真的应验。反之，如果他很乐观，言谈都表现出奋发向上的精神，他自然会产生积极的想法，并让自己积极行动起来，这样的人，即使是再大的困难都不会打倒他。

有个老人一生十分坎坷。年轻时由于战乱失去了许多亲人，一条腿也在一次空袭中被炸断；中年时，妻子也因病去世了；不久，和他相依为命的儿子又在一次车祸中丧生。

可是，在别人的印象中，老人一直爽朗而又随和。有一次，有人终于冒昧地问了一句："您经受了那么多苦难和不幸，可是为什么看不出一点儿伤感呢？"

老人默默地看了此人很久，然后，将一片树叶举到那个人的眼前。

"你瞧，它像什么？"

那是一片黄中透绿的叶子。那个人想，这也许是白杨树叶，可是，它到底像什么呢？

"你能说它不像一颗心吗？或者说就是一颗心？"

那个人仔细一看，还真的十分像心脏的形状，心中不禁轻轻一颤。

"再看看它上面都有些什么？"

那个人清楚地看到，那上面有许多大小不等的孔洞。

老人收回树叶，放到了掌中，用那厚重的声音舒缓地说："它在春风中绽出，阳光中长大。从冰雪消融到寒冷的深秋，它走过了自己的一生。这期间，它经受了虫咬石击，以致千疮百孔，可是它并没有凋零。它之所以得以享尽天年，完全是因为它热爱着阳光、泥土、雨露，它热爱着自己的生命，相比之下，那些打击又算得了什么呢？"

生命的过程就是不断接受雨打风吹的过程，磨砺与生命随行，磨砺不是为了摧毁生命，而是要造就生命，只要你拥有积极向上的心态，任何折磨于你而言，都是一种成就，它会让你脱去幼稚、弱小的外衣，成为真正的强者。

因此，无论何时，当我们遇到困难的时候，请记住一句话——没有永远的困难，也没有解决不了的困难，只是解决时间的长短而已。只要你自己不打倒自己，那么就没有任何困难能够打倒你。

直面内心的恐惧

我们的生命伴随着恐惧而成长。这样的经历你一定也曾有过：在我们年幼的时候，我们总有一种被父母遗弃的恐惧，总是想把他们锁定在自己的视线之内；在漆黑的夜晚，我们总是不敢一个人出门，总会竖起耳朵专心地倾听黑暗中的各种响动；不论在课堂上，还是在会议上，当所有的目光都集中在自己的身上时，我们的血液开始涌向脑门，紧张得语无伦次，不知所云，甚至小腿发软，内心忐忑不安；我们总是担心别人的目光，害怕他人的评价，害怕他人对我们的身材、长相、言谈举止作出负面的评价；受到了挫折，被他人欺骗，我们总是认为这个世界上没有可以信赖的人，每个人都对自己充满恶意；意外的灾难中，我们的亲人、朋友遭受了巨大的不幸，甚至被死神带走了生命，每次提及此事，我们都痛不欲生，对往事万分恐惧……

事实上，或许很多事情根本没有我们想象得那么恐怖，或者说很多时候，我们只是在自己吓唬自己。如果一个人总是喜欢吓自己，那么，他的处境就会越来越糟糕。

恐惧让我们的心情低落，始终处于失望之中。在恐惧的压力下，我们失去了行动的勇气和力量，无法集中精神坚持我们所要做的事情。因此，我们要走出失望，就必须要消除恐惧，而消除恐惧的唯一办法就是直面内心的恐惧。

约翰曾经是美国军队的一名牧师。第二次世界大战的时候，他乘坐的飞机被敌军击落，约翰跳伞落到了新几内亚高山的丛林里。他当时害怕极了，但是约翰知道，恐惧有两种，正常的恐惧感和不正常的恐惧感。此时，试图控制住他的，正是那一种不正常的恐惧感。他决定立刻消除这种恐惧心理。他想起一句话：当你感到害怕的时候，要勇敢地面对恐惧，盯着它看，直视它的眼睛，那时，恐惧自然就会慢慢败退消失。于是他对自己说："约翰，你不能向恐惧投降，你所渴望的是安全获救，你会有出路的。"他站在一条小路上，让自己的呼吸平静下来。当他感到放松下来的时候，便开始祈祷了："无限智能啊，你将飞机引到了这条路上来，现在，你将引导我走出丛林，让我安全获救。"他这样大声地对自己喊了十多分钟之后，开始寻找出路。不一会儿约翰就发现小路的另一头有一条道路，于是他开始沿着那条路走，走了两天后，奇迹般地看到了一个小村庄。村里的人很友好，他们给约翰吃的并把他带出了丛林。最终，约翰被一架救援飞机接走了。事后，约翰对朋友说："如果我当时抱怨自己的命运，沉湎于恐惧的情绪中，屈从于死亡般的恐惧，也许我就会真的死于饥饿和恐慌。"

恐惧伴随着我们的生命。我们唯有直面它，培养与之抗衡的力量：信任、希望以及爱，才有机会打败它，进而掌握自己的命运。

如何直面内心的恐惧，心理学家曾给我们提出一条很好的建议：拿出一张白纸，把让你恐惧的事情或者是画面写下来，然后对着那张纸说，我要忘记你，我要把你撕碎。之后，把这张纸一点一点地撕碎。在心里想象：我已经忘记了昨天的恐惧，我能面对明天的希望，我再也不去想以前的事了。

还有一种更为直接的直面恐惧的做法，就是向别人说出你的恐惧，通过向他人寻找安慰或者是寻找正面的力量，让自己摆脱恐惧。

2008 年 5 月 12 日汶川大地震发生时，家住在都江堰的小柯正在教室上课。突然，教室晃得很厉害，他撒腿就往楼下跑。等到他跑到操场回头看时，四层的教学楼刹那间被夷平了。小柯愣住了，但他并没有哭。之后好几天，他都不怎么说话。有人知道他是第一个逃出的孩子后，就会问他："当时你怕不怕？"小柯总是摇头。

地震后的第 8 天，心理医生遇到了小柯，想和他握手，但小柯并没有把手伸出来。基于这一点，心理医生判断，这小孩心理出问题了。

有了这个判断后，心理医生不断地找话题，和小柯聊天，并且拥抱他。开始小柯只是安静地听着，很少回应。第二天上午，心理医生再去找他时，他腼腆地笑了笑。

不断沟通后，小柯终于愿意讲话了，说起了当时的经历，说了原来的生活。逐渐熟悉后，心理医生对小柯说："你画张画给叔叔留念吧！把你想说的，把你的希望都画在画上。"

于是，小柯画了幅画：一个孩子孤零零地站在高楼上，周围有树、有花、有太阳，但就是没有人……看到这幅画，心理医生的眼睛湿润了，他知道，孩子的心其实受到了伤害。他对小柯说："害怕不是错，有什么就说出来。"这时，似乎压抑了许久的小柯才说："叔叔，其实我很害怕！"说着，泪如雨下。医生把孩子抱在怀里，孩子的恐惧终于释放了出来。

把恐惧掩埋在心底是一个不理智的举动，长期处于恐惧当中，会让一个人变得麻木、自闭、充满焦虑感和不安全感。如果能把内心的想法讲出来，充分表达内心的感受，打开自己的心，我们的心灵才不会负担那么多痛苦。

事实上，要彻底摆脱恐惧，除了要直面恐惧外，还要和亲人朋友们在一起。当心理有恐惧的时候，要相互安慰，相互鼓励，相互依靠，有了爱的陪伴，充满恐惧的心灵才会得到逐渐的安抚。

别跟着身边的人诚惶诚恐

很多人会对一些本来并不可怕的事情产生一种紧张恐惧的情绪。他们自己也能意识到这种恐惧是没有必要的，甚至能意识到这是不正常的，但就是不能控制自己，就算是尽了很大努力也依然无法摆脱。

许多人对一切都怀着畏惧之心：他们经营时怕赔钱；他们怕别人说自己的坏话，怕舆论；他们怕贫困生活的到来，怕失败，怕雷电，怕暴风……总之，他们的生命充满了怕的情绪。这些负面情绪直接影响了他们对自己认识，让他们不断错失提升自己的机会。人就是在恐惧中与成功渐行渐远。

不仅如此，他们还跟着身边的人诚惶诚恐。在这个时候，我们应该告诉自己，不要轻易被别人的情绪影响。

要是身边的人总是诚惶诚恐，我们也会跟着烦闷、跟着心慌。有的时候，公众场合或者他人身上的恐惧都会传导给我们自己，这就十分可怕了。

在这个时候，我们就要学会量力而行，不是每个人都有能够安慰他人和分担他人痛苦的能力。能为他人分担忧愁固然是好的，但是如果失败，就很可能会多一个继续传播恐惧的人。

因此，当恐惧突然出现的时候，我们要问问自己：这种恐惧是来源于自身还是他人？如果是来源于自身原因，冷静地面对就行了。如果不是，那么就要找出真正的原因。例如，我们正在看一部喜剧片，心中却突然感到一阵恐惧，那么一定是坐在身边的人影响了我们。这是因为在近距离的情况下，能量场会互相传递。

既然跟着身边的人诚惶诚恐有百害而无一利，那么，我们该如何分离恐惧感呢？最好与恐惧源的能量场保持一定的距离。保持一定的距离就是既不要随意侵犯别人的私人空间，同时也保护好自己。之后，调整自己的呼吸，让自己尽量平复下来。最后，摊开自己的手掌，集中精神，用心中那些正面的能量去排除心里的垃圾。

相信"这种事情不会发生"

"根据概率，这种事情不会发生。"这句话通常能摧毁你90％的忧虑和恐惧，使你在未来的生活中过得安稳。

凯瑟女士的脾气很急躁，总是生活在非常紧张的情绪之中。每个礼拜，她都要从圣马特奥的家乘公共汽车到旧金山去买东西。可是在买东西的时候，她也紧张得要命——也许自己的丈夫又把电熨斗放在熨衣板上了；也许房子烧起来了；也许她的女佣人跑了，丢下了孩子们；也许孩子们骑着他们的自行车出去被汽车撞了。她买东西的时候，常常会因紧张而直冒冷汗，很想冲出店去，搭上公共汽车回家，看看是不是一切都很好。她的丈夫因受不了她的坏脾气而与她离了婚，但她仍然每天感到很紧张。

凯瑟的第二任丈夫杰克是个律师，一个很平静、遇事能够冷静分析的人，他从来没有为任何事情忧虑过。

杰克充分利用概率法则来引导凯瑟消除紧张。每次凯瑟神情紧张或焦虑的时候，他就会对她说："不要慌，让我们好好地想一想……你真正担心的到底是什么呢？让我们看一看事情发生的概率，看看这种事情是不是有可能会发生。"

有一次，他们去一个农场度假，途中经过一条土路，当时又下了一场暴风雨。汽车一直往下滑，没办法控制，凯瑟认为他们一定会滑到路边的沟里去，可是杰克一直不停地对凯瑟说："我现在开得很慢，不会出什么事的。即使汽车滑进了沟里，根据平均率，我们也不会受伤。"他的镇定使凯瑟平静了下来。

他们到加拿大的洛基山区的图坎山谷去露营。有一天晚上，他们的营帐扎在海拔七千英尺高的地方，突然遇到暴风雨，似乎要把他们的帐篷撕成碎片。帐篷是用绳子绑在一个木制的平台上的，帐篷在风里抖着、摇着，发出尖厉的声音。凯瑟每一分钟都在想：我们的帐篷一定会被吹垮，吹到天上去。凯瑟当时真吓坏了，可是杰克不停地说着："亲爱的，我们有好几个印第安向导，这些人对一切很清楚。他们在这些山地里扎营都 60 年了，这个营帐在这里也很多年了，到现在还没有被吹掉。根据发生的概率看来，今天晚上也不会被吹掉。即使被吹掉，我们也可以躲到另外一个营帐里去，所以不要紧张。"凯瑟终于放下心来，后半夜睡得非常熟。

人生只有短短几十载，而浪费如此宝贵的时间去紧张一些根本无关痛痒、难以发生的小事，实在是很不值得的。所以，把精力用在值得的地方吧，生命太短暂了，不该让忧虑来消耗它。

以开放的心态面对失败

每一个人的心灵都有一扇窗。打开房间的一扇窗，清风就会透过窗台，吹拂到我们的脸上，花香也会随之而至，使整个房间充满香气。打开你的心窗，将真实的自己展示给众人，接纳别人的见解与主张，就能在与他人的分享与交流中感受一种思想共通的欢欣与喜悦。打开心窗，让阳光照亮你心中的每一个角落。

你是否也有这样的遭遇？生活中，一次次的受挫、碰壁后，奋发的热情、欲望就被"自我设限"压制、扼杀。你开始对失败产生恐惧感，却又习以为常，丧失了信心和勇气，渐渐养成了懦弱、犹豫、害怕承担责任、不思进取、不敢拼搏的心理意识和习惯，这些裹足不前的意识渐渐地捆绑住你，让你陷在自我的套子里无力自拔，久而久之，你就失去了创造热情，再也奋发不起来了。

有时候，限制我们走向成功的，不是别人拴在我们身上的锁链，而是我们自己为自己设置的那个局限。高度并非无法超越，只是我们无法超越自己思想的限制，更没有人束缚我们，只是我们自己束缚了自己。这个世界没有什么不可能，张开怀抱，就能与幸福相迎。

1940 年 6 月 23 日，在美国一个贫困的铁路工人家庭，一位黑人妇女生下了她一生中的第 20 个孩子，这是个女孩，取名威尔玛·鲁道夫。

威尔玛 4 岁那年，不幸患上了双侧肺炎和猩红热。虽然治愈，但她的左腿却因此而残疾了。从此，幼小的威尔玛不得不靠拐杖行走。经历了太多苦难的母亲却不断地鼓励她，希望她相信自己并能超越自己。看到邻居家的孩子追逐奔跑时，威尔玛对母亲说："我想比邻居家的孩子跑得还快！"

这个世界上没有那么多的"不可能"，只要你坚持不懈，生命中就没有什么是不可战胜的。

经历了艰难而漫长的锻炼后，奇迹终于出现了！威尔玛 9 岁那年的一天，她扔掉拐杖站了起来。母亲一把抱住自己的孩子，泪如雨下。5 年的辛苦和期盼终于有了回报！

13 岁那年，威尔玛决定参加中学举办的短跑比赛。学校的老师和同学都知道她曾经得过小儿麻痹症，腿脚不是很利索，便都好心地劝她放弃比赛。威尔玛决意要参加比赛，老师只好通知她母亲，希望母亲能好好劝劝她。然而，母亲却说："她的腿已经好了。让她参加吧，我相信她能超越自己。"事实证明母亲的话是正确的。

比赛那天，母亲也到学校为威尔玛加油。威尔玛靠着惊人的毅力一举夺得 100 米和 200 米短跑的冠军，震惊了校园。从此，威尔玛爱上了短跑运动，坚强而倔强的威尔玛为了实现比邻居家的孩子跑得还快的梦想，每天早上坚持练习短跑，直练到小腿发胀、酸痛也不放弃。她参加一切短跑比赛，总能获得不错的名次。

在 1956 年奥运会上，16 岁的威尔玛参加了 4×100 米的短跑接力赛，并和队友一起获得了铜牌。1960 年，威尔玛在美国田径锦标赛上以 22 秒 9 的成绩创造了 200 米的世界纪录。在当年举行的罗马奥运会上，威尔玛迎来了她体育生涯中辉煌的巅峰。她参加了 100 米、200 米和 4×100 米接力比赛，每场必胜，接连获得了 3 块奥运金牌。

生活中，没有任何困难或逆境可以成为我们畏缩不前的理由，当我们犹豫彷徨、怀疑自己时，看看这些身残志坚的人吧，她们在那样艰难的条件之下都能取得骄人的成绩，作为正常人，还有理由说自己真的不行吗？大胆地突破现状，超越自己吧，你只有突破所有局限自己的障碍，开放自己的心灵，才能更接近成功。

只想做"安全专家"，是给自己画地为牢

机遇来自工作中的每一次努力和挑战。面对工作中的每一份任务，无论难易，我们都要积极勇敢地接受。

西点军人勇于向高难度任务挑战的精神，是他们在事业中获得成功的基础。在公司中，很多员工虽然颇有才学，具备种种获得上司赏识的能力，却有个致命弱点——缺乏挑战的勇气，只愿做职场中谨小慎微的"安全专家"。对那些异常困难的工作，不敢主动发起"进攻"，一躲再躲。他们认为：要想保住工作，就要保持熟悉的一切，对于那些有难度的事情，还是躲远一些好，否则，就有可能被撞得头破血流。结果，终其一生，他们也只能从事一些平庸的工作。

西方有句名言："一个人的思想决定一个人的命运。"不敢向高难度的工作挑战，是对自己潜能的画地为牢，只能使自己无限的潜能化为有限的成绩。

如果你是一个"安全专家"，那么，在与职场勇士的竞争当中，你就永远不要奢望得到机会的垂青。那些总与成功有缘的幸运儿之所以成功，很大程度上取决于他们勇于挑战有难度的工作。正是坚持这一原则，他们不断地磨砺生存的利器，不断力争上游，最终脱颖而出。

一家天线公司的总裁来到营销部，让大家针对天线的营销工作各抒己见，畅所欲言。

在所有人都抱怨卖不出去产品是因为产品没有知名度时，一位年轻人直言不讳地对公司营销工作存在的弊端提出了个人意见。总裁认真地听着，最后年轻人得出结论："我们公司的老牌天线今不如昔，原因颇多，但归结起来就是我们的销售定位和市场策略不对。"

几天后，年轻人风尘仆仆地赶到了甘肃省兰州市天元百货大厦。大厦老总一见面就向他大倒苦水，说他们厂的天线知名度太低，一年多来仅仅卖掉了100来套，还有4000多套在各家分店积压着，并建议年轻人去其他商场推销看看。

接下来，年轻人跑遍兰州几个规模较大的商场，但几天下来毫无建树。

正当沮丧之际，某报上一则读者来信引起了年轻人的关注，信上说一个农场由于地理位置的关系，买的彩电都成了聋子的耳朵——摆设。

看到这则消息，年轻人如获至宝，当即带上十来套样品天线，几经周折到了那个离兰州有100多公里的金晖农场。

在了解了问题之后，年轻人绞尽脑汁想办法做实验，最后，他终于明白了电视成为摆设的原因。找到了问题的症结，一切都迎刃而解了。此后，仅这个农场就订了500多套天线。同时这个农场的场长还把年轻人的天线推荐给存在同样问题的附近5个农林场，又帮他销出2000多套天线。

一石激起千层浪，短短半个月，一些商场的老总主动向年轻人要货，连一些偏远县市的商场采购员也闻风而动，原先库存的5000余套天线很快售罄。

一个月后，年轻人筋疲力尽地返回公司。公司正式任命年轻人为新的营销部经理。

一位老板在描述自己心目中的理想员工时说："我们急需的人才，是有奋斗进取精神、勇于向高难度任务挑战的员工。"

那种接到任务就述说困难的人，是不会得到老板欢心的。"老板，这太难了"；"老板，这是不可能的"；"老板，我们不该去浪费资源做这种不可能的事情"……这些话一出口，立即就会让老板对你感到失望。

聪明的做法是，不管你感到任务多么困难，你都要坚定地对老板说："老板，请放心，我会尽一切努力把它做好！"

要做一个勇于向任务挑战的人，需要记住下面10句话：

不要等一切问题都解决了才开始行动。

不要忽视1%的可能性，1%的可能性常常会带来100%的功勋。

不要因为别人说不可能，就动摇自己的信心，相信你的判断，而不要相信局外人的看法。

不要因为可能冒险而放弃伟大的创意。

不要因为问题太多而投反对票，方法总比问题多。

不要因为你从来没有从事过，就对将要从事的事情感到害怕。

不要以为一条路走到尽头就没有路了，只要你跨出脚步，就可以踩出一条路来。

没有一开始就尽善尽美的计划，只有在行动中不断完善的计划。

任何一项成就，都不是在万事俱备的条件下做成的。

要使用好你已经拥有的资源，要创造出你还没有的资源。

预想中的种种痛苦，往往不会发生

恐惧能摧残人的创造精神。一个人一旦心怀恐惧的心理、不祥的预感，则做什么事都不可能有高效率。恐惧代表着人的无能与胆怯。这个恶魔，从古到今，都是人类最可怕的敌人，是人类文明事业的破坏者。

最坏的一种恐惧，就是常常预感着某种不祥之事将来临。这种不祥的预感，会笼罩着一个人的生命。

许多人都会杞人忧天，他们常常猜想着大不幸的降临：会遭遇不测，要面临火灾水害，火车出轨、轮船出事……

当整个心态和思想随着恐惧的心情而起伏不定时，干任何事情都不可能收到功效。在实际生活中，真正的痛苦其实并没有我们想象中那么巨大。那些使得我们担惊受怕、整天愁眉不展的事情，那些让我们一想起来就感到烦躁不安的事情，实际上并没有发生，甚至永远都不会发生。换句话说，你所恐惧的那些事情都是你自己臆想出来的，是你在自寻烦恼而已。

恐惧纯粹是一种心理想象，是存在于幻想中的一个大怪物。如果我们每一个人都能认识到这一点，我们的恐惧就会很自然地消失。如果在日常生活中能被正确地告知没有任何臆想的东西能伤害到我们，如果我们的见识广博到足以明了没有任何臆想的东西能伤害到我们，那我们就会感觉到生活中真的没有什么能够伤害到我们。

勇敢的思想和坚定的信心是治疗恐惧的良药，它能够消融一个人的恐惧思想。当人们心神不安时，当忧虑正消耗着他们的活力和精力时，他们是不可能获得最佳效率的，也不可能事半功倍地将事情办好。

经过科学家研究，得出这样一个结论：恐惧之所以会产生，在很大程度上是与一个人的软弱感分不开的。因为感到自己软弱，所以一个人的思想意识就会和他体内的某种巨大的力量相分离，这样，他就会变得力不从心。可是，一旦他的思想意识和他身体内强大的力量相交融，他就会感到满足，找到让自己坚定的平和感，那么，他将真正体味到做人的荣耀。一旦有了这种感觉之后，他绝对不会满足于心灵的不安和四处游荡，绝对不会让自己萎靡不振，而是选择让自己振作。

第三章

远离"完美焦虑症"，别对自己太"狠"了

你是典型的完美主义者吗？

在这个时代，拖延症似乎是最普通的"病症"。只是，那些拖延的人往往没有意识到，"完美主义"是造成很多人拖延的根源。

心理学家认为，一个人如果对自己和他人要求过高，总是追求完美，这种性格就是完美主义的体现。完美主义的性格通常分为三种类型：一是"要求自我型"，他们对自己总是高标准、严要求，不允许自己犯任何错误，表现为固执、刻板；二是"要求他人型"，给他人设定一个很高的标准，不允许别人犯错误，并且对他人极为挑剔；三是"被人要求型"，他们追求完美的动力是为了满足其他人的期望，总是感觉自己被期待着，害怕别人对自己感到失望，因此时刻都要保持完美，一旦受到挫折就感到痛苦，不能接受。

在这三种类型中，"要求自我型"在生活中最为常见。一般来讲，不能容忍美丽的事物有所缺憾，是一种正常心态。只不过，我们身边却不乏因为完美主义导致不断拖延的人，他们追求完美，但却不断拖延做事的节奏，最终得到不完美的结果。

小颖看周围不少同学都会游泳，于是在刚入夏时就决定学游泳。她认为，学习游泳必须要做好相应的功课，她先在网上搜索

焦虑心理学：不畏惧、不逃避，和压力做朋友

和浏览"如何挑选游泳装备"之类的内容，然后开始上淘宝购物，挑了好几个晚上，终于买好了泳衣、泳镜、救生圈等装备。

此外，她还看了网上游泳教学的视频，自己跟着视频练习游泳的姿势。然后她跑了自家附近几个游泳馆咨询学习游泳的一些情况……

等到所有的信息都准备充分了，认为自己真正可以开始学游泳时，夏天已经过去了，于是学习游泳的想法不得不拖延下去。而她做了漫长一夏的准备，却一次也没有下过水，买的那些装备一次也没有用，这些装备恐怕得等到下一个夏天了。

当然，下一个夏天，她是不是真的能去学习游泳，还不好说。

小颖如此想游泳，为什么却一直无法下水，迟迟无法开始呢？这很大程度上是因为完美主义在作祟。

在完美主义者的眼中，做什么事情都不愿意匆匆忙忙地开始，总是要准备很长时间，要求万事俱备。比如，老师让学生发表一篇论文，他会去图书馆找很多资料，花很多时间认真读这些资料，就是一直无法开始写。等他觉得差不多可以写论文时，可以留给他完成论文的时间已经所剩无几，于是他只能草草写完或干脆拖延下去。

《艺术家之路》的作者茱莉亚·卡梅隆说："完美主义其实是导致你止步不前的障碍。它是一个怪圈——一个强迫你在所写所画所做的细节里不能自拔、丧失全局观念又使人精疲力竭的封闭式系统。"

的确，很多完美主义者在追求完美期间一直处于压力下，到了后期为了赶进度，根本无法保证质量，甚至无法完成事情，完美主义者甚至给人一种办事能力不够的感觉。

完美主义根本就不是什么好事。丘吉尔说："完美主义让人瘫痪。"苛求完美恰恰是人们寻求幸福最大的障碍！要克服自己的完美主义倾向，可以采用以下几个步骤来管理自己的时间和期望值。

第一步，接受一个现实——我无法面面俱到。

第二步，去问自己，自己做到什么样子就算"足够好了"。

比如说，在一个完美的世界里，"我"可以每天工作12个小时以上；而在真实世界里，朝九晚五的工作时间对"我"来说就已经足够好了。在一个完美世界里，"我"可以每天1次、每次花90分钟练习瑜伽，并且会花差不多的时间去健身房；而在真实世界里，每周2次、每次1小时练瑜伽，加上每周3次、每次30分钟的健身房锻炼，已经足够好了。采用"足够好了"的思维方式后，个人压力会减轻许多，而拖延状况也会大大缓解。

完美主义者试图在每一个方面都达到完美，最终只会导致妥协和挫败：在现实中的时间限制下，我们确实无法什么都做到完美。

拒绝完美：做一个普通人

车尔尼雪夫斯基说："既然太阳上也有黑点，人世间的事情就更不可能没有缺陷。"世界上没有完美无瑕的东西，实际上，我们也没必要对自己太苛刻，不要因为追求完美而耽误了机会。

在生活中，总有一些人过于追求完美，用过高的眼光和标准苛求自己，衡量他人。无论做什么，都达不到自己的要求，进而苛责烦闷，陷入极度的苦恼中。事实上，"完美"是人类最大的错觉，完美主义者追求的完美，往往却是不可得的。

"断臂的维纳斯"一直被认为是迄今发现的希腊女性雕像中最美的一尊。美丽的椭圆形脸庞，希腊式挺直的鼻梁，平坦的前额和丰满的下巴，平静的面容，无不带给人美的享受。

她那微微扭转的姿势，和谐而优美的螺旋形上升的体态，富有音乐的韵律感，充满了巨大的魅力。

作品中维纳斯的腿被富有表现力的衣褶所遮盖，仅露出脚趾，显得厚重稳定，更衬托出了上身的美。她的表情和身姿是那样庄严而端庄，然而又是那样优美，流露出女性的柔美和妩媚。

令人惋惜的是，这么美丽的雕像居然没有双臂。于是，修复原作的双臂成了艺术家、历史学家最感兴趣的课题之一。当时最典型的几种方案是：左手持苹果、搁在台座上，右手挽住下滑的腰布；双手拿着胜利花圈；右手捧鸽子，左手持苹果，并放在台座上让它啄食；右手抓住将要滑落的腰布，左手握着一束头发，正待入浴；与战神站在一起，右手握着他的右腕，左手搭在他的肩上……但是，只要有一种方案出现，就会有无数反驳的道理。最终得出的结论是，保持断臂反而是最完美的形象。

就像维纳斯的雕像一样，很多事情因为不完美而变得更有深意。不少人总是抱有一种力求完美的心态，可是人生根本没有什么所谓"十全十美"的事情，你又何必把自己折腾得这么累？凡事尽力而为即可。

生活中，很多人忙忙碌碌一辈子，可是到最后却一事无成，究其原因，就在于他们做事非要等到所有条件都具备时才肯动手去做，然而所有的事情没有一件是绝对完美的。所以，这些人往往就在等待完美中耗尽了他永远无法完美的一生。在这个世界上，如果你每做一件事都要求务必完美无缺，便会因心理负担的增加而不快乐。

实际上，世界上根本没有绝对的完美，人生的残缺才是一种常态。而且，凡事都要求尽善尽美，会给我们的生活增加很多负担，甚至会阻碍我们的生活和工作。

"金无足赤，人无完人"，我们都应该认识到自己的不完美。即使是全世界最出色的足球选手，10 次传球，也有 4 次失误；最棒的股票投资专家，也有马失前蹄的时候。既然连最优秀的人做自己最擅长的工作都不能尽善尽美，那么一个普通的人为什么一定要追求虚无缥缈的"完美"呢？

拥有不断进取的心和完善自己的信念是积极提倡的，但苛求自己却是不必要的。人都会有缺点，这就是本来的生命状态。我们的成长就是克服这些缺点，并用尽可能平和的心态去看待这一切的过程。

没有瑕疵的事物是不存在的，盲目地追求完美的境界只能是劳而无功。因此，在生活中，我们不必为了一件事未做到尽善尽美的程度而自怨自艾。放弃对完美的追求，凡事不必尽善尽美，我们才能看到丰富多彩的生活图景，才能拥有完整的人生。

只要你知道这世界上没有什么会达到"完美"的境地，你就不必设定荒谬的完美标准来为难自己。你只要尽自己最大的努力开始去做每件事，就已经是很大的成功了。

完成比完美更靠谱

雪莉·桑德伯格曾说过："完成比完美更重要。"人们在面对工作时，总是会迟迟不肯迈出第一步，除了惰性，还有对自己施加过高的压力，于是总觉得还没有准备好，生怕做得不够完美就把应该完成的任务永远地推迟了。从这个角度来说，"完美"固然具有诱惑性，但"完成"更靠谱一些。

不少人往往为了追求完美而努力，结果却连完成也做不到，这很大程度上是因为太执着于完美而忽视了完成。

完成是完美的先决条件，没有完成就谈不上完美。做事不拖延且高效能的人，会遵循着这样的做事原则：先追求完成再追求完美。他们不会打着"还没想好，还没想周全"的名义把准备要做的事情拖到最后一天、最后一刻才去做。

一位各方面都表现非常优秀的年轻人，别人请教他为什么事事都做得又快又好的原因，他给出的回答竟然是："我从来不追求完美。"听到这样的回答，请教的人当然不明所以，这位年轻人说起了自己的故事。

"我高二那年被任命为宣传委员，当时班级宣传委员最重要的任务之一是要负责出班级的黑板报。新官上任三把火，第一次板报主题是'国庆'，我摩拳擦掌地想在黑板上画条盘绕着的生龙活虎的'龙'。事实上，这个工作并不简单，'龙'的线条超级多又复杂。我没什么构图经验，非常不擅长在黑板上画画，但我觉得画'龙'就要画得最逼真。我完全没有预料到这件事的难度，满脑子想的只有画完后我们的板报会有多么地不落俗套又让人震撼，同学们会多么羡慕或者崇拜我。

"带着这种想法忙活了几天后，我崩溃了。虽然我很有耐心且很有信心地对照着图片擦了改、改了擦，还请了一个有美术功底的同学来帮忙，还是差很远。我们不停地擦改希望能画得更像一点，直到发现出黑板报的时间不够了。沮丧和挫败感环绕着我，当时特别想撂挑子不干了，不过我的责任心让我继续下去——丑就丑吧，画完再说。在耐着性子把板报全部完成得差不多之后，发现黑板上的'龙'竟然没那么不好看。

"这个事情给我很多启发，虽然黑板报没有达到完美的预期，但那次经验还是很难得的。此后，我在做事情时，就不再给自己一开始就下那么大的套子。先追求完成，然后再追求完美，这就是我的经验。"

的确，无论工作还是生活，只要我们不做完美者，接受瑕疵，允许自己做不到尽善尽美，先保证完成，再追求质量，一切就都会容易起来。

为了让你不再深陷"完美主义"深渊，在完成目标的基础上，再追求完美，你可以参考如下的几个方法。

第一，停止纠结于细枝末节。要发一封正常沟通的邮件给客户，却来来回回看了不下十遍，总想在点击"发送"之前确保一切完美；曾在一个大项目上只纠结于一个非常小的细节，导致项目延期。这些情景是否似曾相识呢？开始训练自己，别再把无关紧要、不影响实现目标的小细节复杂化。就算万一犯了错误，只需要记下来，下次你自会清楚该如何避免，无论你喜欢与否，我们总是在错误中学习和成长。

第二，预估大致完成时间。如果想确保一切都十分完美，在一定程度上就是在浪费时间。按照事情优先级排序，创建一份待办事项清单，并标注预计完成时间，可以帮你追踪自己的执行情况，更快完成项目，而不是纠结于完美。

当然，一天之中，总有些突发事件是无法预估的，面对这些，经验法则告诉我们，如果突发事情在两分钟之内可以完成，那就立即完成它！花几分钟处理这些突发小事有助于休息、醒脑和之后更加专注。

第三，不要和别人比。一方面要了解对手，运筹帷幄，另一方面要防止总拿自己和别人对比，关注于自己的想法和正在做的事情，努力达到自己的期望，这样才能避免负面想法和完美主义情结。如果发现别人在某些方面做得更好，那就将学习他人优点当作自己的动力，而不是将其当作影响你产出和完成目标的障碍。

即使完成得并不完美，但是一旦开始就会让人感到如释重负，难的是卸下追求完美、面面俱到的心理负担。请记住：如果连 60 分都没有做到的话，又怎么能够做到 100 分呢？

你不可能让所有人都满意

每个人都会有自己的感觉，都会根据自己的想法来看待世界。一个人眼中的完美，在另一个人看来也许就是缺陷；而一个人所贬低的缺点，在另一个人看来很可能就是优点。由于每个人的价值观及对事情的判断喜好不同，无论是谁，在做事情时都不可能

焦虑心理学：不畏惧、不逃避，和压力做朋友

得到所有人的赞同，而每个人也不可能做到完美，总会出现一些失误，因此，我们不要纠结于是否让所有人满意，要学会走自己的路，不被别人的"完美主义"所阻滞。

当你在进行一件事情时，可能会遭受来自各方面的压力与反对。一旦坚持目标，我们就不要因受到他人的攻击与非议而退缩，而要坚定地为实现这个目标而努力。因为在这些异议的声音中，难免会有一些嫉妒的、不怀好意的人想趁机破坏你的努力。

美国总统杰弗逊曾一度被人骂作"伪君子""骗子""比谋杀犯好不了多少"……一幅刊在报纸上的漫画把他画成伏在断头台上，一把大刀正要切下他的脑袋，街上的人群都在嘘他。耶鲁大学的前校长德怀特曾说："如果此人当选美国总统，我们的国家将会合法卖淫，行为可鄙，是非不分，不再敬天爱人。"听起来这似乎是在骂希特勒吧？可是他谩骂的对象竟是杰弗逊总统，就是撰写《独立宣言》、被赞美为民主先驱的杰弗逊总统。

也许很多人在身处逆境时，都希望得到别人的鼓励。日本有句格言："如果给戴高帽，猪也会爬树。"这句话听起来似乎不雅，但说明了这样的一个道理：当一个人的才能得到他人的认可、赞扬和鼓励的时候，他就会产生一种发挥更大才能的欲望和力量。

但生活不光是赞扬，你碰到更多的可能是责难、讥讽、嘲笑。在这时候，你一定要学会从自我激励中激发信心，学会自己给自己鼓掌。

朱健参加工作后，他爱上了"小发明"，一下班，常常一头钻进自己房间，看啊，写呀，试验呀，常常连饭也忘了吃。为此，全家人都对他有看法。妈妈整天絮絮叨叨地、没完没了骂他"是个油瓶倒了都不扶的懒人""将来连个媳妇都找不上"；他大哥就更过分了，一看到他写写画画，弄这弄那就来气，甚至拍着胸脯发誓："这辈子，你要能搞出一个发明来，我就头朝下走路……"

在这种难堪的境遇中，朱健的"发明"之路受到了阻碍。他表现得有点泄气。不过，他的一个同事给他鼓励，让他继续坚持走自己的路。后来，厂报上开始登出有关他的"革新成果"，哪怕只有一个"豆腐块""火柴盒"那么大，他都要高兴地细细品味，然后把这些介绍精心地剪贴起来，一有空闲就翻出来自我欣赏一番。

渐渐地，朱健实验成功的"小发明"慢慢多起来，"级别"也慢慢高起来了。几年后，他的"小发明"竟然获得了专利，并且取得了良好的经济效益。

一个成功人士说："别在乎别人对你的评价，否则，它们会成为你的包袱，我从不害怕自己得不到别人的喝彩，因为我会记得随时为自己鼓掌。"

同是一个甜麦圈，悲观者看见一个空洞，而乐观者却品味到它的味道。

其实，生活和生命本身也都是一样的道理。我们每个人的能力都是有限的，就像人类有其体能的极限一样。如果总是想着令别人满意，对自己大刀阔斧地"整改"，那是很荒谬、很愚蠢的想法。

事实确实如此，凡事绝难有统一定论，我们不可能让所有的人都对我们满意，所以可以拿他们的"意见"做参考，却不可以代替自己的"主见"，不要被他人的论断束缚了自己前进的步伐。追随你的热情、你的心灵，它们将带你实现梦想。

悦纳生活中的不完美

在现实生活中，有些人追求"完美主义"，于是我们便能听到各种各样的抱怨声，因不如自己的预期而导致拖延的状况时有发生。不过，抱怨和拖延并不能改变我们的处境，我们何不以一种平常心的心态，来直面生活的不完美呢。

其实，"不完美"的根源在于我们对生活不满足的心理及欲望的不断膨胀，而那些所谓的压力也是我们自己施加的，因为我们对自己的要求过高，才会感到处处不完美，让烦恼困扰我们，让工作、生活牵绊我们。

如果你是一个知足常乐的人，就不会向生活要求太多。希腊哲学家克里安德，当年虽已八十高龄，但依然仙风鹤骨，非常健壮，有人问他："谁是世上最富有的人！"克里安德斩钉截铁地说："知足的人。"

曾有人问当代美国最富有的石油大王史泰莱："怎样才能致富？"这位石油大王不假思索地回答："节约。"

"谁比你更富有？"

"知足的人。"

"知足就是最大的财富吗？"

史泰莱引用了罗马哲学家塞涅卡的一句名言来回答说："最大的财富，是在于无欲。"

塞涅卡还有一句智慧的话："如果你不能对现在的一切感到满足，那么纵使让你拥有全世界，你也不会幸福。"

最妙的是，罗马大政治家兼哲学家西塞罗也曾有类似的说法："对于我们现在有的一切感到满足，就是财富上的最大保证。"

知足者常乐，知足便不作非分之想；知足便不好高骛远；知足便安若止水、气静心平；知足便不贪婪、不奢求、不豪夺巧取。过分地追求完美，只是徒然带给自己烦恼而已，在日日夜夜的焦虑企盼中，还没有尝到快乐之前，已饱受痛苦煎熬了。

当然，知足不是自满和自负，知足者能认识到无止境的欲望和痛苦，在能实现的欲望之内，他朝着自己既定的目标为之奋斗，这样也不会有拖延之虞了。

只有经常知足，在自我能达到的范围之内去要求自己，而不是刻意去勉强自己，去强迫自己，而是自觉地知足，才能心平气和地去享受。因此古人说："养心莫善于寡欲。"

如果我们对自己的要求过高，设定的目标不现实，又要坚持执着地追求下去，不仅会耗失自己的健康，还会让自己在追求完美主义的过程中延误成长的机会。

也许，我们曾经专注地设计美妙的未来，细致地描绘多彩的前途，然而，尽管我们是那样固执、那样虔诚、那样坚韧地等待，可生活却以我们全然没有料到的另一种面目呈现于面前。看淡完美主义，我们眼前会是另一番景象：积极、乐观、不拖延的生活。

人生的幸福路，就是不走极端

在生活中，很多人之所以不幸福，是因为他们喜欢走极端。老是苛求这个，苛求那个，最后使自己的生活完全失去了乐趣。

现实生活中，喜欢走极端的大有人在，最明显的一类喜欢走极端的人就是完美主义者，对于完美主义者来说，他们绝对不允许自己的生活出现瑕疵。

《绝望主妇》的女主角之一 Bree，就是最为典型的完美主义者。

她做事力求一百分，无论是家务、烹饪、仪容和相夫教子，她都尽心尽力。她永远会让房间一尘不染，烫平每件衣物，经常通过聚会来表现自己是优秀的女主人。

她是一个自我要求严格的人，出门时，从头到脚都要整整齐齐、干干净净。同时，她对家人也要求严格，用完的东西一定要放回原位，连筷子、汤匙的摆法和朝向都要一致。

她的过分刻意和挑剔，使得丈夫和两个孩子在家里感到很不安，因为他们必须按照 Bree "完美"的安排去生活，从吃早餐、袜子的颜色到交男女朋友都有规定，一旦做错，Bree 会立刻纠正和提醒。家里所有的人在她的"完美"之下都有一种窒息感。

当丈夫心脏病突发去世之后，Bree 并没有像其他人一样悲恸欲绝，她关心的焦点是如何操持一场完美的葬礼。在葬礼中，一向端庄稳重的 Bree 做了一件异常疯狂的事：当牧师请众亲友向她丈夫的遗体告别时，Bree 大声喊停，原因竟然是她不能忍受婆婆给丈夫戴的那条"可笑的黄色领带"。于是，她在众目睽睽下，解下朋友的领带为丈夫换上。完成这一切后，她才露出了满意的笑容。

这样的行为在很多人看来不可理喻，但是了解了完美主义者的思维方式和关注焦点，Bree 的行为就不那么难以理解了。完美主义者对自己的感觉和感受，常用自我麻醉的方法来进行压抑和否定。面对生活中的摩擦和矛盾，完美主义者往往难以平心静气与人进行很好的沟通，达成一致意见，而是按照自己所理解的完美方案去要求对方，从而不能使问题得到解决。

完美主义者对待感情很忠诚，因为他们的内心不允许他们做不道德的事情。同时，他们也要求对方做到绝对忠诚，一旦发现对方有不忠的行为，完美主义者会非常愤怒而绝望。受到伤害的完美主义者往往会用毁灭感情的方式来做一个彻底的了结。

所以，我们要明白：人生的幸福路，就是不走极端。比方说，一个人要老实，但是不能太老实。一方面太老实的人没什么个性没什么特点，另一方太老实也被看成是无能的表现。要聪明，但不能太聪明，小心聪明反被聪明误。与其在生活中一味地追求拔尖，不如追求适用。就像有人说的那样，在学习的时候，我们要做一个锥体，用心钻研；在做人的时候要做正方体，方方正正；在为人处世的时候，我们要做球体，圆圆润润。

　　一个人在生活中，与其过分地追求极端，不如追求平衡。只要我们的内心平稳，只要我们的心灵足够舒服，我们就没有必要走极端路线。

避免监督自己的想法

　　在许多人的脑子里，总是会出现一种想法——"我们应该……"这样的想法其实有一种自我限定、自我监督或者事后诸葛亮的成分。因为这样的"应该"是我们给自己设定了一个目标，这个目标或许能够成功或许不能，有时候，这个"应该"的目标设定得过大过强，超出了我们的能力范围，就有可能给我们带来过重的负担和压力。

　　那么，我们应该怎样处理这种"应该"带来的压力呢？

首先，对抗"应该"的一个方法就是告诉自己，"应该"命题与现实不符。比如，当你说"我应该做……"时，你假设事实上自己不应该做。真相通常与你的想象正好相反。

其次，在口头语言上进行替换。比如用别的词来取代"应该"，运用双栏法等。口头语"要是……就好了"或"我希望我能……"会很有益，而且听起来更现实，也不让人心烦。比如，不说"我应该能够让我妻子快乐，"而说"要是现在能让我妻子快乐就好了，因为她好像很难受。我可以问一问她为什么难过，看看我有没有什么办法帮助她"；不说"我不应该吃冰淇淋"，而是说"要是没吃冰淇淋就好了"。

再者，就是对自己的反省和叩问："谁说应该？哪儿写着说我应该？"这样做的目的是让你意识到你是在毫无必要地批评自己。由于你是规则的最终制定者，所以一旦你感到这些规则无益，你就可以改变规则或废除规则。假定你对自己说你应该能够让双亲一直生活快乐，如果经验告诉你这样想毫无必要也没有好处，你就可以重写规则，让规则更有效。你可以说："我可以让双亲有时感到快乐，但是肯定不能让他们一直快乐。最终，他们是会感到快乐的。"

另外，还有一种更简单实用的方法——腕表法。一旦你相信"应该"命题不利于你，你就可以把它们记录下来。每出现一个"应该"命题，你就摁一下表。你还要根据每天的工作总量建立一套奖励机制。记下的"应该"命题越多，你所得到的奖赏也就越多。

焦虑心理学：不畏惧、不逃避，和压力做朋友

过上那么几周，你每天的"应该"命题总量就会下降，你就会发现自己的内疚感在减少。

最后，战胜"应该"的另外一个有效方法就是问："为什么我应该？"然后你就可以审视你所遇到的证据，以揭示其中不合理的逻辑。运用这种方法你可以把"应该"命题降低到尽可能的限度。

在你成长的过程中，你要经常告诉自己，"学会接受你的局限性，你就会变成一个更为幸福的人"。

不求最好，但求"最满意"

许多人过于认真，认为做到极致才是最好的选择，才是足以表现我们能力的最佳手段。但是，在现实生活中，我们为了确保时间、效率，当我们做不到极致完美时，其实，做到"够好"也是可以让大家接受的。

迪诺总是追求完美的外表，所以她花许多时间来修饰自己的头发、衣服、妆容等。令她苦恼却又控制不住的事情是，在上班之前，她总是需要花上近两个小时的时间去尝试她认为合适的衣服和首饰。朋友和同事们都对她说，她这样的行为是对时间和精力的巨大浪费。于是，迪诺开始降低自己对完美外形的要求。起初她担心如果只停留在满意阶段，自己可能会落伍、没有吸引力，而且太普通。在之后的几个早晨，她还是花了超出预计的时间。但是，还是有几个早上，她强迫自己对穿着、妆容的修饰点到即止，只做到"足够好""刚刚满意"的程度。而迪诺也从这几个"足够好"中明白了，她并不需要成为最好的、最美的，她没有必要非得有一身最完美的服装，她只需要和别人做到一样就可以了。

"满意"就是心理学家用来解决过度研究倾向的一个概念。"满意"就是"某选择满足最低要求"。环视周围，看看其他人的选择，这是找到最低要求的一种方法。关注"满足"，而不是完美，你就能制定合理的目标，并使用"够好"的标准去满足目标。

世间没有绝对纯美的事物。人也是如此，智者再优秀也有缺点，愚者再愚蠢也有优点。对人多做正面评估，不以放大镜去看缺点，避免以完美主义的眼光，去观察每一个人。以宽容之心包容他人缺点，责难之心少有，宽容之心多些。

对于任何人来讲，不完美永远是客观存在的。所以，我们没必要一定要完美，也没有完美的人。对此采用的比较有效的解决方案是，尽可能地为信息收集设定一个时限。比如，有人为炒股殚精竭虑，熬夜去搜索更多有关股票和投资的信息。这种希望做到最好，并"利益最大化"的行为，就是一种对于完美的追求。如果我们在搜索信息前设定一个时限，则有助于从对信息的偏执性关注中转移出来。

假如我们使用情感标准而非理性标准来决定多少信息才算得

上充分，设限也是有帮助的。我们的搜索标准可能会是"感觉舒适为止"，或者"直到我没有任何疑虑为止"。在搜索信息之前设限，是制止没完没了的信息搜集的一个办法。

人不总是十全十美的。在提出自己的要求之前，应当客观地认识自己。其实人生当中有不足才是一种"圆满"，因为不完美才让人们有盼头、有希望。古人常说人生不如意事十之八九，聪明的人常想一二，就是这个道理。

让"强迫症"不再强迫你

强迫症又称强迫性神经症，是病人反复出现的明知是毫无意义的、不必要的，但主观上又无法摆脱的观念、意向和行为。其表现多种多样，如：反复检查门是否关好，锁是否锁好；常怀疑被污染，反复洗手；反复回忆或思考一些不必要的问题；出现不可控制的对立思维，担心由于自己不慎使亲人遭受飞来横祸；对已做妥的事，缺乏应有的满足感……

对于强迫症的发病原因，一般认为主要是精神因素。现代社会压力大，竞争激烈，淘汰率高，在这种环境下，内心脆弱、急躁、自制能力差、具有偏执性人格或完美主义人格的人很容易产生强迫心理，从而引发强迫症。通常，他们会制订一些不切合实际的目标，过度强迫自己和周围的人去达到这个目标，但总会在现实与目标的差距中挣扎。此外，自幼胆小怕事、对自己缺乏信心、遇事谨慎的人在长期的紧张压抑中会焦虑恐惧，易出现强迫症行为。

需要指出的是，像反复检查门锁这种强迫心理现象在大多数人身上都曾发生过，如果强迫行为只是轻微的或暂时性的，当事人不觉得痛苦，也不影响正常的生活和工作，就不算病态，也不需要治疗。如果强迫行为每天出现数次，且干扰了正常的工作和生活，就需要治疗了。

李广栋是某修配厂的一名工人，平时非常怕脏，只要别人碰过的衣物就丢弃，只要手碰了一下某种东西，就洗刷不止。三年前李广栋刚去这工厂不久，生活上有些不适应，热心的老工人袁师傅对他比较关心，在生活上关照他，业务上指导他，因此关系比较密切。后来，李广栋听人说袁师傅曾患有肝炎，因而十分紧张，怕传染上肝炎，于是将所有被袁师傅接触过的衣物器皿丢掉，被袁师傅碰过的东西，如自己再碰着就不断地洗手，直洗到双手发白，皮肤起皱才罢休，否则就会内心紧张不已，甚至感到思维都不灵活了。自己明知这样洗是不必要的，但无法控制。在朋友的劝说下，李广栋去找心理学专家进行咨询，经诊断他患上了强迫症。

"强迫症"并不可怕，关键在于你能否勇敢理智地面对它、战胜它，让它再也"强迫"不了你。如果你有此决心，不妨试试以下几种方法进行自我调适。

顺其自然法

任何事情顺其自然，该咋办就咋办，做完就不再想它，有助于减轻和放松精神压力。如有东西忘了带就别带它好了，担心门没锁好就不锁，东西没收拾干净就脏着。经过一段时间的努力来克服由此带来的焦虑情绪，症状是会慢慢消除的。

夸张法

患者可以对自己的异常观念和行为进行戏剧性的夸张，使其达到荒诞透顶的程度，以致自己也感到可笑、无聊，由此消除强迫性表现。

活动法

患者平时应多参与一些文娱活动，最好能参加一些冒险和富有刺激的活动，大胆地对自己的行动做出果断的决定，对自己的行为不要过多限制和发表评价。在活动中尽量体验积极乐观的情绪，拓宽自己的视野和胸怀。

自我暗示法

当自己处于莫名其妙的紧张和焦虑状态时就可以进行自我暗示。比如："我干吗要这样紧张？一次作业没做是没有关系的，只要向老师讲清原因就可以了。就是不讲，老师也不会批评；就是批评了，又有什么好紧张的，只要虚心听取下次改了就行，何必那样苛求自己呢？谁没有犯过一点过失呢？"

满灌法

满灌法就是一下子让你接触到最害怕的东西。比如说你有强迫性的洁癖，请你坐在一个房间里，放松，轻轻闭上双眼，让你的朋友在你的手上涂上各种液体，而且努力地形容你的手有多脏。这时你要尽量地忍耐，当你睁开眼，发现手并非想象的那么脏，就会知道不能忍受只是想象出来的。若确实很脏，你洗手的冲动会大大增强，这时你的朋友将禁止你洗手，你会很痛苦，但要努力坚持住，随着练习次数的增加，焦虑便会逐渐消退。

当头棒喝法

当你开始进行强迫性的思维时，要及时地对自己大声喊"停"。如果你在自疗的过程中遇到困难，请别忘了向你身边的朋友或心理学家寻求帮助。

第四章

害羞的社交焦虑：对不起，
我可能对人过敏

害怕交际，可能是患上了社交焦虑症

　　社交焦虑症的重要表现就在于害怕被他人给予不好的评价。在这种恐惧下，对任何社会交往，人们都充满了焦虑：与异性交往时表现出焦虑；当向别人提出要求时，你会变得焦虑；在公众面前讲话，会让你焦虑；面试的时候、在办公室发言的时候，都会让你感到不适。因为内心感到不适，外化到行为上就是你会颤抖、你会脸红、你会出汗、会口干舌燥，甚至还会紧张抽搐。但是你又非常害怕其他人会注意到你的窘迫，对你产生一些负面的印象，你变得越来越焦虑。因此，你开始尽可能地逃避各种社会交往。也许孤独、痛苦会袭向你脆弱的心理防线，但这至少比与他人交往更令你感觉安全。于是，孤僻便成了你生活的主旋律。

　　社交焦虑症患者，总是会假定身旁的人会评价他。他们对自我的认识都想要参照别人的看法，但这反而更加让人自以为是。事实上，这种自以为是的思维方式却有着很大的偏差。一方面，它会让人扭曲了自己对他人的认识。例如，在聚会上，你因为太在意别人怎样看待你，却忽略了一些更重要的社交信号：他们在说些什么，在做什么？也就是说，你总是把大把的时间花在别人怎么看你上，却很少去认真关注别人的感情，去认真理解别人的

焦虑心理学：不畏惧、不逃避，和压力做朋友

想法，没有理解，即便是你多么想给别人留下好印象，也不可能，这只会让你继续活在一个自我的世界当中。另一方面，他会让人更加不自信。

有社交焦虑症的人不会正常地看待问题，他们总是在自己的脑海中产生极端的想法，并且老是把那些想法看成是真实的，也就是说，他们老是对自己臆想出来的东西信以为真。

我有缺陷或不够好；

不能获得所有人的认同简直是一件糟糕的事情；

一定还有更完美的方法应对社交；

当有旁人在场时，我就应该让自己表现得十分完美；

我绝对不能表现出焦虑，如果我表现出焦虑，人们可能就会小瞧我；

如果人们看出我的焦虑，他们就会认为我是一个"失败者"；

我应当总是表现得很自信和很有控制力；

我非常需要获得每一个人的认可。

社交焦虑症患者以为，关注与担心社会交往是有用的。他们认为，预想社交失败会有助于规避发生不好的事情，但他们也清楚，焦虑会让他们更加紧张，表现更加拙劣。他们通常会有这样的焦虑：

如果我为这些事情感到忧虑，我提前准备，或许我就能找到不让自己丢脸的办法；

如果我忧虑，表明我能意识到事情的严重性，那么，我就能提前策划好，让自己不出错；

我在社交的时候，一定要好好表现，不能让自己看起来太傻。

同样，他们还会有一些典型的安全行为来掩盖自己的愚蠢行为：

如果我的手颤抖，我就可以握紧玻璃杯或者是一支铅笔；

我可以在说话的时候提速，这样别人就不会认为我是一个失败者，更不会对我所说的作出评价；

如果在讲话之前，我先喝上几口水，这样可以避免我紧张。

然而，这些看起来似乎很安全的行为实际上却让事情变得更糟。其实，你并不知道别人是怎样评论你的，这些只是你的推测而已，而且你的推测在很多情况下根本是不正确的。

研究还表明，我们很少看到社交焦虑症患者笑。他们在社交场合常用的表情是皱眉或者是让自己看起来很严肃，这样一来，没有亲和力，他们自然不能给别人留下好印象。这又与他们极力想给人留下好印象是矛盾的，所以，在人际交往中，结果却总是事与愿违，而他们却不自知。

在社交场合尽量展现你的笑容

很多人都会选择和每天面带微笑的人交往。要问原因，人们大多会这样回答，看上去舒服啊！但是蒋先生似乎并不明白这其中的道理，以至于在跟人打交道的时候受了冷遇，原本可以谈成的合作也泡了汤。

蒋先生是一家商贸公司的老板，这几年生意做得还算顺利。2008年开始的全球金融危机给他的事业带来了不小的冲击，接不到出口订单，货物在仓库里堆积如山，工人们又要求涨工资，这让蒋先生很是烦恼，他整天都在为资金的事而犯愁。就在蒋先生为公司的事忙得焦头烂额之际，又因为儿子的学习和妻子闹了矛盾，夫妻关系一下子跌到了谷底。面对整天愁眉苦脸的蒋先生，他的好友决定帮他一把。

好友邀请蒋先生参加了在上海举办的一次商务宴会，他告诉蒋先生，将有很多投资人参加这个宴会，是个非常好的融资机会。但是在宴会上，蒋先生总是板着一张脸，别人一看到他那张脸就对他退避三舍。好友给他介绍了一个来自福建的投资人，这个投资人原本不想和蒋先生说话，但碍于好友的面子，还是勉强和他谈了几句，但关于投资的事只字不提。

结果，在这个商务宴会上，蒋先生一份投资都没有拿到。

蒋先生因为一脸"苦大仇深"，而让别人退避三舍，不想与他接近，他也因此失去了与人深入交谈、获得投资的机会。可见一张微笑的脸对于人与人的亲近是多么的重要。

众所周知，微笑能让人情绪放松，能让人感到愉悦，能让人获得信任，也能让人感到被尊重、被关心。当人们面对一个面带微笑的人时，他的防备心理就会降低，而他希望结交对方的愿望会随之增强，这种欲望会随着交往的深入一直持续下去。这其实就是"亲和效应"在人们内心所起的作用。亲和效应是人们的一种心理定式。心理定式指的是对某一特定活动的准备状态，它可以使我们在从事某些活动时能够相当熟练，节省很多时间和精力。

从微笑这一现象来说，当对方通过这一表情来传达某种积极交往的信号时，我们便会在心中形成相应的情绪反应，这种反应就是一种过程。我们会在这个过程中感受到对方的需求，为呼应这种需求，我们也会相应地在脸上表现出积极的交往信号，与之产生共鸣，从而为彼此的交往打下坚实的基础。

这一过程具有不可替代的专注性，这种关注能让我们将更多的关注目光放在微笑的"甲"身上，而不是冷若冰霜的"乙"身上。尤其值得注意的是，这种专注性会让我们在与对方交往前就消除紧张感和防备性。

人际交往是一个互动的过程，你给予对方什么，对方也会给予你什么。倘若你想让对方感受到你的温暖，在人际交往中营造和谐的气息，就请不要吝啬你的微笑。面对他人，翘起嘴角，微微眯缝眼睛，然后伸出手，向对方说："你好！"

不自信的表现会给人极差的印象

习得性无助有一个重要的表现那就是不自信。一个人如果不够自信，在与他人打交道的时候，就会扭扭捏捏，这样会给人留下极差的印象。没有一个人想成为不自信的人，因此，在生活中，我们就要有意识地建立自己的自信。

卡耐基说："自信才能成功。"自信，是我们需要的第一缕阳光，它是人生不竭的动力，能够帮我们战胜自卑。你相信自己会成为什么样的人，并且去做了，你自然就会成为自己所希望的那种人。

世界上没有两片完全相同的树叶，人也是这样，每个人都是上帝的宠儿，都是独一无二的，所以我们应该相信自己。

我们每个人在世界上都是不可替代的，所以我们应该自信，只有自信才能自强，只有自强才能演好自己的角色，不管是主角还是配角。

自信的人，不会自卑，不会贬低自己，也不会把自己交给别人去评判；自信的人，不会逃避现实，不会做生活的弱者。他们会主动出击，迎接挑战，演绎精彩人生；自信的人，不会跟自己过不去，只会鼓励自己。他们会既承担责任，又缓解压力，他们会在生活的道路上游刃有余，笑看输赢得失。

自信是一种心理状态，可以通过自我暗示培养起来。积极的自我暗示，意味着自我激发，它是一种内在的火种、一种快捷的自我肯定；它可以使我们的心灵欢唱，建立自信，走向成功。

自我暗示的方法很多，每个人遇到的压力不同，自我暗示的方法也不会相同，可以从以下这些方面来树立自信，萌生一股新生的力量。

第一，在心中描绘一幅自己希望达成的成功蓝图，然后不断地强化这种印象，使它不致随着岁月流逝而消退模糊。此外，相当重要的一点是，切莫设想失败，亦不怀疑此蓝图实现的可能性。因为怀疑将会对行动构成危险性的障碍。

第二，当你心中出现怀疑本身力量的消极想法时，要驱逐这种想法，必须设法发掘积极的想法，并将它具体说出来。

第三，为避免在你的成功过程中构筑障碍物，所以可能形成障碍的事物最好不予理会，最好忽略它的存在。至于难以忽视的障碍，就下番工夫好好研究，寻求适当的处理良策，以避免其继续存在。不过，最好彻底看清困难的实际情况，切勿夸张，使其看来显得更加困难。

第四，不要受到他人的威信影响而试图仿效他人，须知唯有自己方能真正拥有自己，任何人都不可能成为另一个自己。

第五，寻找对你了如指掌且能有效提供忠告的朋友。你必须了解自卑或不安的所在。虽然这问题往往在少年时期便已发生，但了解它的来源将使你对自己有所认知，并帮助你获得援救。

第六，正确评估自己的实力，然后多加一成，作为本身能力的弹性范围。切忌形成本位主义是有其必要的，但是适度地提高自信心也是相当重要的事。

自信是一个人心理的建筑工程师。自信一旦与思考结合，就能激发潜意识来激励人们表现出无限的智慧和力量，使每个人的欲望转化为物质、金钱、事业等方面的有形价值。

所以，遇事要用正确的思维方式，不要完全信你听到的、看到的一切，也不要因为他人的批评、鄙视而轻视自己，摒除自卑感产生的压力，找回坚定的自信。唯有如此，你的生命中才能处处充满灿烂的阳光。

丧失自我是痛苦的根源

我们都会相信每个人都有属于自己的社会面具，但却很难相信这种面具有一天会生锈，再也取不下来，使我们丧失人生中最美好的时光。

一位心地善良、英勇善战的骑士，他屡立战功，受到国王和百姓的赞赏，获得了一副金光闪闪的盔甲。骑士身披闪耀的盔甲，随时准备跳上战马，向邪恶的骑士挑战，杀死作恶多端的恶龙，拯救遇难的美丽少女……即使在家里，他也穿着轧轧作响的盔甲自我陶醉，吃饭睡觉都不愿意脱下。他美丽的妻子朱丽叶和可爱的儿子克里斯托弗都记不清他的面容了，最后连他自己也忘记了自己的真面孔。

终于有一天，妻子对他说："你爱盔甲远甚于爱我。"她和儿子准备离开他了，这时，骑士才感到惊慌，他想脱下盔甲，可是盔甲已经生锈，再也脱不下来了！骑士请求全国最有名的大力士铁匠帮忙，却还是无功而返。骑士终于意识到问题的严重性，于是他做出了一个重大的决定，到远方寻找能解开盔甲的人。在国王的小丑乐袋的指点下，他决定去漫无边际的大森林中寻找亚瑟王的老师、神秘的魔法师默林。

从此，骑士在默林的指导下开始了解脱盔甲、寻找自我的征程。就像那个快乐的小丑乐袋所说的那样——万般痛苦须遍尝。骑士历尽艰辛，在历经沉默之堡、知识之堡和志勇之堡后，终于在真理之巅放下了自己人格的面具。

正如骑士一样，我们在繁忙的世间，在日复一日的生活和工作中，为保护自己，穿上了层层包裹的沉重盔甲，终于有一天，我们会和骑士一样，发现它竟然再也脱不下来了。正如李嘉诚先生所言："骑士习惯了成功，没有注意到盔甲已开始生锈。"

因为这些盔甲，我们再也感受不到一个吻的暖意，再也闻不到空气中飘来的花儿的清香，再也无暇聆听触动心扉的大自然的天籁……最可怕的，是对这种种"感受不到"的无动于衷。

骑士也许不比我们多数人聪明，但他比我们多数人都要勇敢。为了认识真正的自我，为了学习如何爱自己，爱别人，他带着当嘟作响的盔甲，拖着羸弱的身体，穿过沉默、知识和志勇三座古堡，靠自信战胜了"疑惧之龙"，终于踏上了真理之巅，重获自由的身体。

其实，人生就是一个不断找回自我的过程。世人一味追求外物的时候，很少有人能够去注意自己，并意识到自己的重要性。丧失自我，是现代人痛苦的根源。一个人如果失去了独特性，丧失了个性，丧失了对自我生活的理解，那就意味着你对这个社会来说可有可无，谁都可以代替你，你也就没有了存在的价值。

当没有人主宰自己的灵魂时，灵魂就会盲从别人。生命的可贵之处，在于做自己，走自己的路。你无法取悦每一个人，如果你试着去取悦每一个人，那你将会失去自我。

人的自我认定往往是受经验的影响或听从别人的看法。你想要把什么套在你身上，给自己贴上什么样的标签，你就会成为什么样的人。你怎样认定自己，就会有怎样的人生。

找回失去了的自我，认识自己，认识自己的能力，认识自己的快乐，走出平庸，真正踏上人生的征途。

把别人当成标准，只会失去自我

做人永远要以自己的意志为转移，不要总是效仿别人，必须懂得坚持自我。很多失败者之所以会失败，是因为他们对自身的宝藏视而不见，反而拼命地去羡慕别人、模仿别人。殊不知，成功的真谛就在于坚持自我。

古语说："以铜为镜，可以正衣冠；以人为镜，可以明得失。"意思是说，每个人都是一面镜子，我们可以从别人身上发现自己、认识自己。然而，如果一个人总是拿别人当镜子，那么那个真实的自我就会逐渐迷失，难以发现自己的独特之处。

话说有一只兔子长了三只耳朵，因而在同伴中备受嘲讽戏弄，大家都说它是怪物，不肯跟它玩。为此，三耳兔很是悲伤，时常暗自哭泣。

有一天，它终于作了决定，把那一只多来的耳朵忍痛割掉了。于是，它就和大家一模一样了，也不再受到排挤，它感到快乐极了。

时隔不久，因为玩游戏而进入另外一片森林，天啊！那边的兔子竟然全部都是三只耳朵，跟它以前一模一样！由于它少了一只耳朵，所以，这里的兔子都嫌弃它，不理它，它只好怏怏地离开了。

故事中的那只兔子总把别人当成自己的标准，结果总是使自己陷入尴尬的境地。在现实生活中，像寓言中的兔子一样的人大有人在，我们总是把别人当成自己的标准，总是在一味地模仿中失去了自我。

每个人都有自己的生活方式与态度，都有自己的评价标准。我们可以参照别人的方式、方法、态度来确定自己采取的行动，但千万不能总拿别人当镜子。总拿别人做镜子，傻子会以为自己

焦虑心理学：不畏惧、不逃避，和压力做朋友

是天才，天才也许会把自己照成傻瓜。

胡皮·戈德堡成长于环境复杂的纽约市切尔西劳工区。当时正是"嬉皮士"时代，她经常模仿着流行，身穿大喇叭裤，头顶阿福柔犬蓬蓬头，脸上涂满五颜六色的彩妆。为此，她常遭到附近人们的批评和议论。

一天晚上，胡皮·戈德堡跟邻居友人约好一起去看电影。时间到了，她依然身穿扯烂的吊带裤，还是那一头阿福柔犬蓬蓬头。当她出现在她朋友面前时，朋友看了她一眼，然后说："你应该换一套衣服。"

"为什么？"她很困惑。

"你扮成这个样子，我才不要跟你出门。"

她怔住了："要换你换。"

于是朋友转身就走了。

当她跟朋友说话时，她的母亲正好站在一旁。朋友走后，母亲走向她，对她说："你可以去换一套衣服，然后变得跟其他人一样。但你如果不想这么做，而且坚强到可以承受外界嘲笑，那就坚持你的想法。不过，你必须知道，你会因此引来批评，你的情况会很糟糕，因为与大众不同本来就不容易。"

胡皮·戈德堡受到极大震撼，她忽然明白，当自己探索一条可以说是"另类"存在方式时，没有人会给予鼓励和支持，哪怕只是理解。当她的朋友说"你得去换一套衣服"时，她的确陷入两难抉择：倘若当时为了朋友换衣服，日后还得为多少人换多少次衣服？她明白母亲已经看出她的决心，看出了女儿在向这类强大的同化压力说"不"，看出了女儿不愿为别人改变自己。

人们总喜欢评判一个人的外形，却不重视其内在。要想成为一个独立的个体，就要坚强到能承受这些批评。胡皮·戈德堡的母亲的确是位伟大的母亲，她懂得告诉她的孩子一个处世的根本道理——拒绝改变并没有错，但是拒绝与大众一致也是一条漫长的路。

胡皮·戈德堡这一生始终都未摆脱"与众一致"的议题。她主演的《修女也疯狂》是一部经典影片，而其扮演的修女就是一个很另类的形象。当她成名后，也总听到人们说："她在这些场合为什么不穿高跟鞋，反而要穿红黄相间的快跑运动鞋？她为什么不穿洋装？她为什么跟我们不一样？"可是到头来，人们最终还是接受了她的影响，因为她是那么与众不同，那么魅力四射。

倘若今天为某个人换衣服，往后的日子里，不知要为多少人换衣服。换来换去，还有自己吗？做人亦如同穿衣，不能改来改去，否则，也就不会有自己了。做人永远要以自己的意志为转移，人活一世，不可能让所有人满意，重要的是要保存一个真实的自我。其实，生活中原本就没有什么一成不变的条条框框，只要你去改变，按自己的方式生活，世界也会随着你变。

焦虑心理学：不畏惧、不逃避，和压力做朋友

杜绝自闭，沐浴群体阳光

自我封闭是指个人将自己与外界隔绝开来，很少或根本没有社交活动，除必要的工作、学习、购物以外，大部分时间将自己关在家里，不与他人来往。自我封闭者都很孤独，没有朋友，甚至害怕社交活动。

自我封闭心理实质上是一种心理防御机制。由于个人在生活及成长过程中可能常常遇到一些挫折，挫折会引起个人的焦虑。有些人抗挫折的能力较差，使得焦虑越积越多，他只能以自我封闭的方式来回避现实，降低挫折感。

李珂在一家大型国有企业做技术工作，月薪上万。最近，他面临着深深的困惑。他们部门要选一名科长，他认为自己完全有能力胜任，然而却落选了，在和同事的相处中，还受到了排挤，向上司请求换岗，也遭到了拒绝。其实李珂还是比较有能力的，上学期间他曾经是班里的团支书，经常组织同学办板报，搞一些活动，学习成绩挺不错，文笔也挺好，还写得一手好字。没有想到，工作以后却连连受挫，强烈打击了他的自信心。他看到的都是自己的缺点，变得自卑起来。而自卑的人，自尊是极强的，也是很脆弱的。为了避免再让自己受挫，李珂便选择了逃避，以后再有什么活动他也很少参加，常借口推辞。慢慢地，他对任何活动都失去了信心，失去了兴趣，渐渐把自己孤立起来了，在自我的圈子里孤芳自赏，偶尔也感叹一下生不逢时。日久天长，李珂便不能自拔地成了一个自闭的人。

李珂的遭遇让我们了解了自闭的可怕。自闭不仅会让自己失去对生活的信心，而且做任何事情都心灰意懒、精神恍惚，终致自己不能容纳自己。

自闭是心灵的一剂毒药，是对自己融入群体的所有机会的封杀。自闭不仅毁掉自己的一生，也会让周围的朋友、亲人一起忧伤，总之，自闭会葬送一生的幸福。所以，我们一定要走出自闭的牢笼。

现代社会生活中，与世隔绝、独处一室是非常不切实际的做法，人际关系就像是一盏灯，在人生的山穷水尽处，指引给你柳暗花明又一村的繁华。那么，怎样才能从自我封闭中走出来呢？可以按步骤进行以下的训练：

第一步：初期训练。

每天下班后，不要急于马上回家，而是先到百货商场、农贸市场等人多的地方逗留一段时间，引导自己对周围环境里的人和事物感兴趣，然后回家将自己所观察到的一切记录下来。

如果刚开始怕人多的地方，可先从人少或无人的环境开始。另外，在外逗留的时间也应遵循由短到长的原则。

第二步：中期训练。

1. 阅读一些有关基本沟通技巧方面的书籍和文章，如怎样和人打招呼、怎样和人开始谈话、谈话的礼貌等。

2. 到某百货商店询问一种商品的价格。

3. 向陌生人问路，其中包括年长的、年轻的和年龄较小的同性和异性。特别是要完成一次向年轻英俊、漂亮的异性问路和一次向看起来并不和善的人问路。

4. 买一种商品，然后退货。退成退不成无关紧要，重要的是你敢于并能够向店方陈述你的理由。

注意：每完成上述一个步骤，都要写下感想，分析一下自己运用前面所学的沟通技巧的情况，总结自己的长处和不足。对于长处，要在以后的行动中坚持下来，而对于不足，要通过再一次的补充练习加以纠正，直至基本克服为止。

第三步：后期训练。

1. 每天向同事询问一项有关单位的业务问题。

刚开始，可选择那些比较和气、比较宽容的同事(如老同事)，然后再选择那些脾气不太好，看起来不太好打交道的人询问。

问时要抱着虚心求教的态度，认真倾听。眼睛要经常注视着对方(但也不是始终死盯不放)，并要有所反应(如点点头，表示明白了)。若可能的话，找一个比较容易接近和耐心的人给你指点一下。

2. 在工作的业余时间，主动参与同事们的聊天，刚开始你可能不太会说，没关系，你只需耐心地倾听就够了。

等到一段时间后，你也可以适时发表一下自己的见解。为了使你自己更成功，你应"备备战"，如头一天晚上有准备地看一场球赛，或从报刊上记下一个有趣的事例，到第二天用它来参与聊天。

3. 约同事一起出去逛街，吃顿便饭，看个展览之类的。

希望你把这一训练过程完整地坚持下来，到那时，你将摆脱孤寂，拓展自己的生活圈子，使自己快乐起来。

克服社交焦虑症的规则手册

1. 正确认识社交焦虑症的根结。社交焦虑其实也是进化的结果，人们对陌生人的恐惧，也会通过基因遗传，再加上你父母在自我认识上对你的影响。这些都不是你自己能决定的。

2. 重新认识过去那些消极的想法。你一直强调的那些消极的想法，事实上已经被你夸大和扭曲了。好好审度一下自己，你会明白其实自己也很优秀。

3. 衡量改变的边际成本及边际收益。为了更好地与他人相处，跟上生活的节奏，你需要做那些让你感到反感、感到焦虑的事。这种焦虑病并不会让你陷入难堪，但它可能会让你很不舒服。但是，你想想看，如果没了这种焦虑，你的生活将会变得多么美好。因此，你应当鼓起勇气去承担、去经历。

4. 不是所有的人都是挑剔的，摆脱那种腐朽的观念。有些人也许很挑剔，但大部分人都还是胸怀宽广的，大家都愿意接纳你。

5. 寻找积极的、正面的信息。世界上没有完美的人，试着去发现那些美好的事物，把注意力集中在别人给你的积极回馈上。寻找这种信息，你就一定会找到成功的感觉。

6. 做一个优秀的倾听者。不要去想你给别人的印象到底怎么样，把注意力放在正在进行的谈话内容上就行。

7. 正视你最差劲的自我评价。回击你心中那些自我批判的想法。证明它们是不理性的、有失公允的，只是浪费你时间和精力的一种可笑行为。

8. 抛弃你眼中的那些安全行为。不用刻意假装沉重镇定，抛弃你眼中的那些安全行为，你依然安全。

9. 客观地看待你的焦虑。焦虑是生活的一部分，生活中，每天都在发生着各种各样让人意想不到的状况，但是我们依然在正常地进行着日常生活。焦虑并不危险，它不过是一个生活中的警报。

10. 让你的症状更显性。放弃隐藏自己的焦虑，让它更明显，刻意地颤抖自己的双手，甚至在你大脑空白的时候，大声说出来。即便是有人觉得你有所不同，谁也不会将你赶出这个世界。

11. 勇敢地面对你的恐惧。将那些你感到焦虑的事付诸实施。给自己列一个每日计划表，与你的恐惧做一个面对面的挑战。

给自己的恐惧分级。从最不害怕的事情做起，慢慢提升事情的等级。

想象并体验那些场景。大胆发挥你的想象力，试着去想象你已经能够成功地面对这些恐惧。

赶走你在这些场景中的消极念头。认清你的不理性想法，勇敢地挑战它们。

12. 不在事后埋怨。不要去反思你的"错误"，想着自己做得多么多么差。想想你现在的表现有多好，你可以面对更加深层的恐惧。

13. 肯定自己。每天都是崭新的一天，要有信心去面对生活中的各种挫折。相信自我，超越自我，保持良好的状态，克服生命中面临的各种障碍。

修复心灵上那道细微的害羞伤疤

英国早期的著名思想家约翰·洛克这样说过：不良礼仪有两种，第一种就是忸怩羞怯，我们只有克服害羞，才能让别人尊重我们。

人的害羞心态似乎是一种与生俱来的品质。从某些领域来看，害羞并不一定是一个完全贬义的词，有人甚至认为"适当的害羞是一种美德"。的确，害羞与不害羞究竟是好是坏，不能一概而论，但都不能超过一个有限的"度"。如果一个人害羞过了度，那么，他的生活就会充满痛苦。

徐欢是一名刚走上工作岗位的小伙子。尽管已经大学毕业参加了工作，但他对与其他人交往有一种恐惧感，见到人脸就红。尤其是陌生人，当与他们在一起时，他便会感到一种莫名其妙的紧张。当他与别人并肩而坐的时候，心中总是想要看看别人，这种欲望很强，但又因为恐惧而不敢转过脸去看。如因有事必须与他人接触时，不论对方是男是女，徐欢一走近对方，便感到心慌、神情紧张、面部发热，不敢抬头正视对方。如果与陌生人坐在一起，相距两米左右时，他就开始感到焦虑不安、手心出汗，神情也极不自然。由于这一原因，他很害怕与别人接触，进而害怕出去做业务，这影响了他的工作成绩和正常的生活，徐欢的内心感到非常痛苦。

徐欢表现出来的是一种典型的过度害羞心态。过度的害羞只会使人消极保守，沉溺在自我的小圈子里，不利于一个人的成功，甚至有可能造成心理障碍。

美国著名的心理专家朱迪斯·欧洛芙博士在其《正向能量》中说："害羞是一种毫无意义的感觉，只会给内心带来痛苦，让你体会挫败，产生退缩心理，同时吸干你的生命力。"不仅如此，朱迪斯·欧洛芙还把害羞描述为"从内心深处狠狠地剜了一刀"，把害羞比喻成人们能量场中一道细微的伤口。

朱迪斯·欧洛芙博士指出，每个人都会对某些事情感到羞耻，只是害羞的程度不同。我们要想将状态调整到最佳，就必须要克服害羞。具体该怎样做？以下是几点克服害羞的小方法：

1. 做一些克服羞怯的运动。例如：将两脚平稳地站立，然后轻轻地把脚跟提起，坚持几秒钟后放下。每次反复做30下，每天这样做两三次，可以消除心神不定的感觉。

2. 深呼吸。害羞使人呼吸急促，因此，要强迫自己做数次深长而有节奏的呼吸，这可以使一个人的紧张心情得以缓解，为建立自信心打下基础。

3. 与别人在一起时，不论是正式或非正式的聚会，开始时不妨手里握住一样东西，比如一本书、一块纸巾或其他小东西，这对于害羞的人来说，会感到舒服而且有安全感。

4. 学会专心地、毫不畏惧地看着别人。试想，你若老是回避别人的视线，老盯着一件家具或远处的墙角，不是显得很幼稚吗？难道你和对方不是处在一个同等的地位吗？为什么不拿出点勇气来，大胆而自信地看着别人呢？

5. 平时多读一些书，开阔视野。经常读些课外书籍、报纸杂志，开阔自己的视野，丰富自己的阅历，你就会发现，在社交场合你可以毫无困难地表达你的意见。这将会有力地帮助你树立自信，克服羞怯。

6. 在参加社会活动时，应该尽量坐在社交场合的中心位置，有意暴露自己。害羞的人参加社交活动总喜欢坐在角落里，这样确实不容易引起别人的注意，但也失去了别人认识他的机会，于是就会造成一种结果，少了许多给他人一些接触你的机会。

7. 在与别人谈话过程中练习克服害羞心理。在与别人交谈时，眼睛尽量注视着对方；说话声音大一些，并且要尽量有条理、有见地。如果遇到别人没有回答你的问话的情况，就再说一遍，不要害怕会惹人不高兴。

第五章

从否认中觉醒，摆脱"认同"
上瘾症

别因追求肯定而使自己受挫

生活中，当我们遇到比较重要的事情而不能做出决定时，总是会向身边的人诉说，以征求他们的意见，从而有利于做出正确而明智的选择。如果是这样倒也无可非议，但有的人往往过于在意别人的看法，尤其当别人的意见与自己完全相反时，他们往往会产生受挫心理，并开始怀疑自己，因而迟迟不敢做出决定，甚至做出错误的选择。

美国前总统里根小时候曾经去一家制鞋店，要求做一双鞋。

鞋匠问年幼的里根："你要什么款式的？"

里根摇了摇头，因为他自己也不知道想要什么样的。这个鞋匠以为他没有听懂，又问道：

"你是想要方头鞋还是圆头鞋？"

里根真不知道哪种鞋适合自己，好像哪种都行，但又都不行。他一时回答不上来。无奈之下，鞋匠告诉他说："那你先回去好好考虑，想清楚了再来告诉我答案。"

三天过去了，里根还是没有去找鞋匠。鞋匠正着急，却看到里根在街上和几个孩子玩耍，于是又问起鞋子的事情。里根仍然犹豫不决，他看了一眼身边的小伙伴，似乎想请他们给自己做出决定，而这些孩子有的说圆头好看，有的说方头漂亮。

鞋匠看里根还是举棋不定，就说：“行了，不难为你了，我知道该怎么做了。两天后你来取新鞋。”

两天后，里根兴奋地去店里取鞋，当他接过鞋子却发现鞋匠给自己做的鞋子一只是方头的，另一只是圆头的。

“怎么会这样？”他感到纳闷。

“等了你几天，你都拿不出主意，当然就由我这个做鞋的来决定啦。这是给你一个教训，不要让人家来替你做决定。”鞋匠回答。

里根后来回忆起这段往事时说：“从那以后，我认识到一点：自己的事自己拿主意。如果自己遇事犹豫不决，就等于把决定权拱手让给了别人。一旦别人做出糟糕的决定，到时后悔的是自己。”

有时候，我们犹豫不决时，想从别人那儿得到确认和肯定。这一方法也未尝不可，毕竟一个人的智慧是有限的，别人可能为我们提供更有价值的建议。我们也许能从别人那里获得更多信息，从而从更合理的角度看待问题。

当你困惑的时候，想找朋友谈谈你的决定是可以理解的，这可能很有帮助。可是，如果你不断地寻求确认和肯定，最后可能会将朋友赶走。他们可能对你这种没完没了的追问产生反感，甚至觉得你根本不信任他，有的朋友会认为你没有独立做决定的能力。一旦留下这样的印象，他们将会离你而去。

燕子是一个大四的学生，学习优秀，人缘也好。但最近一段时间，宿舍里几个姐妹都没有以前热情了。事情是这样的：

燕子一直暗恋她的一个高中同学，那个男生在附近的大学。几年来，他们常有来往，关系不错，似乎超越了普通朋友的界限，燕子却也从来没有明确表达过自己的意思。但最近燕子从别的同学口中得知，这个男生好像与他们班的一个女孩走得很近。这样一来，燕子开始纠结，不知怎么办才好。

刚开始，燕子先是一个个地咨询宿舍的姐妹们，有人建议她与其这么痛苦不如主动表白；也有人说你们都这么多年了，他应该早知道你的心思。如果他明白你的想法却迟迟按兵不动，说明他对你没意思，如果是这样，你又何必自找尴尬呢？

可是燕子还是在两种建议之间犹豫不决。后来，她把这件事直接提到晚上的临睡之前进行讨论。姐妹明白，说来说去就是两种方法，这种事情只有燕子才能做决定。当她再挑起这个话题时，姐妹们都佯装睡着，不再发表任何意见。

宿舍的几个女孩之所以不再接燕子的话茬，是因为她们觉得燕子不是在寻求建议，只是一种简单的倾诉，可这种反复的诉说已经让她们觉得厌烦。

由此看来，自己的事情就要自己做决定。如果情况真的让你感觉棘手，可以请他人帮忙出谋划策，但是这并不是让你盲从。别人的意见可以当作参考，自己必须进行全面权衡再做取舍。

勇敢地去做你害怕的事

恐惧是我们生活和事业成功的最大障碍。它具有极大的破坏力，而且往往潜藏在潜意识之中，不知不觉地促使我们消极地去看待世界。它会让我们凡事往坏处想，进一步加重这种害怕的心理，直接影响我们的工作和生活中的各个方面。为了铲除这种心理，我们必须向恐惧挑战，勇敢去做自己害怕的事情。

所有的恐惧心理都是经由引起恐惧的事件或想法一再重演而后天形成的。所以，你也可以不断用鼓励的行动来对抗恐惧，破除害怕心理。举例来说，假如你害怕拜访陌生人，克服害怕的方式就是不断面对他直到这种害怕消失为止。这是建立人生信心与勇气最好、最有效的方法。

李兵刚刚从事销售工作时，还是比较有信心的，他一天拜访几十家客户，但由于工作经验不足，推销方式不当，常常被客户拒之门外。被拒的次数多了，时间一长，李兵患上了"敲门恐惧症"。

后来，李兵甚至不敢再去拜访客户，无奈之下，他去请教心理医生，医生弄清他的恐惧原因之后说："假定你现在站在即将拜访的客户门外，我来问你几个问题，请你如实回答。"

李兵点了点头，表示同意。下面是他们之间的对话。

医生：请问，你现在位于何处？

李兵：我正站在客户家门外。

医生：那么，你想到哪里去呢？

李兵：我想进入客户的家中。

医生：当你进入客户的家以后，你想想，最坏的情况会是怎样的？

李兵：大概是会被客户赶出来。

医生：被赶出来后，你又会站在哪里呢？

李兵：还是站在客户家的门外呀！

医生：那不就是你此刻所站的位置吗？最坏的结果不过就是回到原处，又有什么好恐惧的呢？

李兵听了医生的话，惊喜地发现原来敲门根本不像他想象得那么可怕，从这以后，当他来到客户门口时，再也不害怕了。他对自己说，让我再试试，说不定就能获得成功，即使不成功也不要紧，我还能从中获得一次宝贵的经验。不要紧，最坏最坏的结果就是回到原处，对我没有任何损失。

李兵终于战胜了"敲门恐惧症"。由于克服了恐惧，他当年推销成绩十分突出，被评为"优秀推销员"。

恐惧和自我肯定的关系就像跷跷板一样。害怕程度越高，自我肯定程度就越低。你采取行动去提升自我肯定程度就会降低你的恐惧。采取任何行动去降低你的恐惧就会增加自我肯定，改善绩效。

世上没有什么事能真正让人恐惧，恐惧的原因是自己吓唬自己。不少人碰到棘手的问题时，习惯设想出许多莫须有的困难，这自然就产生了恐惧感，遇事你只要大着胆子去干时，就会发现事情并没有自己想象得那么可怕。

人活在自己心里而不是他人眼里

人生来时双手空空，却要让其双拳紧握；而等到人死去时，却要让其双手摊开，偏不让其带走财富和名声……明白了这个道理，人就会对许多东西看淡。幸福的生活完全取决于自己内心的简约而不在于你拥有多少外在的财富。

18 世纪法国有个哲学家叫戴维斯。有一天，朋友送他一件质地精良、做工考究、图案高雅的酒红色睡袍，戴维斯非常喜欢。可他穿着华贵的睡袍在家里踱来踱去，越踱越觉得家具不是破旧不堪，就是风格不对，地毯的针脚也粗得吓人。慢慢地，旧物件挨个儿更新，书房终于跟上了睡袍的档次。戴维斯穿着睡袍坐在帝王气十足的书房里，可他却觉得很不舒服，因为"自己居然被一件睡袍胁迫了"。

戴维斯被一件睡袍胁迫了，生活中的大多数人则是被过多的物质和外在的成功胁迫着。很多情况下，我们受内心深处支配欲和征服欲的驱使，自尊和虚荣不断膨胀，着了魔一般去同别人攀比，谁买了一双名牌皮鞋，谁添置了一套高档音响，谁交了一位漂亮女友，这些都会触动我们敏感的神经。一番折腾下来，尽管钱赚了不少，也终于博得别人羡慕的眼光，但除了在公众场合拥有一两点流光溢彩的光鲜和热闹以外，我们过得其实并没有别人想象得那么好。

从某种意义上来说，人都是爱好虚荣的，不管自己究竟幸福不幸福，常常为了让别人觉得很幸福就很满足。人往往忽视了自己内心真正想要的是什么，而是常常被外在的事情所左右，别人的生活实际上与你无关，不论别人幸福与否都与你无关。幸福不是别人说出来的，而是自己感受的，人活着不是为别人，更多的是为自己而活。

一个人活在别人的标准和眼光之中是一种痛苦，更是一种悲哀。人生本就短暂，真正属于自己的快乐更是不多，为什么不能为了自己而完完全全、真真实实地活一次？为什么不能让自己脱离总是建立在别人基础上的参照系？

当我们把追求外在的成功或者"过得比别人好"作为人生的终极目标的时候，就会陷入物质欲望为我们设下的圈套。它像童话里的红舞鞋，让人一眼望去，便对它充满无限的喜爱。不管这双舞鞋是否适合自己的双脚，都会毫不犹豫地将其穿上，感受那一刻最令自己兴奋的感觉。而当这种感觉消散后，留给我们的其实只有无尽的空虚。

我们不可能得到所有人的认同

世界一样，但人的眼光各有不同。做人，不必花大量的心思去让每个人都满意，因为这个要求基本上是不可能达到的。如果一味地追求别人的满意，不仅自己累心，还会在生活和工作失去自己！

生活中我们常常因为别人的不满意而烦恼不已，我们费尽了心思去让更多的人对自己满意，我们小心翼翼地生活，唯恐别人不满意，但即便是这样还会有人不满意，所以我们为此又开始伤神，很多时候，我们忙活工作或者生活其实花不了太多的时间，而只是我们将大量的时间都花在了处理如何达到别人满意的这些事情上，所以身体累，心也累。

一个农夫和他的儿子，赶着一头驴到邻村的市场去卖。没走多远就看见一群姑娘在路边谈笑。一个姑娘大声说："嘿，快瞧，你们见过这种傻瓜吗？有驴子不骑，宁愿自己走路。"农夫听到这话，立刻让儿子骑上驴，自己高兴地在后面跟着走。

不久，他们遇见一群老人正在激烈地争执："喏，你们看见了吗，如今的老人真是可怜。看那个懒惰的孩子自己骑着驴，却让年老的父亲在地上走。"农夫听见这话，连忙叫儿子下来，自己骑上去。

没过多久又遇上一群妇女和孩子，几个妇女七嘴八舌地喊着："嘿，你这个狠心的老家伙！怎么能自己骑着驴，让可怜的孩子跟着走呢？"农夫立刻叫儿子上来，和他一同骑在驴的背上。

快到市场时，一个城里人大叫道："哟，瞧这驴多惨啊，竟然驮着两个人，它是你们自己的驴吗？"另一个人插嘴说："哦，谁能想到你们这么骑驴，依我看，不如你们两个驮着它走吧。"农夫和儿子急忙跳下来，他们用绳子捆上驴的腿，找了一根棍子把驴抬了起来。

他们卖力地想把驴抬过闹市入口的小桥时，又引起了桥头上一群人的哄笑。驴子受了惊吓，挣脱了捆绑撒腿就跑，不想却失足落入河中。农夫只好既恼怒又羞愧地空手而归了。

笑话中农夫的行为十分可笑，不过，这种任由别人支配自己行为的事并非只在笑话里出现。现实生活中，很多人在处理类似事情时就像笑话里的农夫，人家叫他怎么做，他就怎么做，谁抗议，就听谁的。结果只会让大家都有意见，且都不满意。

谁都希望自己在这个社会如鱼得水，但我们不可能让每一个人满意，不可能让每一个人都对我们展露笑容。每个人的利益是不一致的，每个人的立场、主观感受是不同的，所以想面面俱到、不得罪任何人，是绝对不可能的！

做人无须在意太多，不必去让每个人满意。凡事只要尽心，按照事情本来的面目去做就好。

面对批评，不管对错先考量一番

一个人无论什么时候都要虚心接受他人的批评，然而真正能够做到这一点的人却不多。有的人总是刚愎自用，受不得半句批评；有些人当面千恩万谢地接受，转身却忘得一干二净；有的人当面硬不认错，死要面子，其实心里也清楚自己做错了。

面对批评，这些做法都是错误的，不但不能达到解决问题的目的，还会给他人留下"固执""傲慢"的坏印象。

对待批评，正确的态度应该是从积极的方面来理解，应该把朋友的批评看作改进自我、完善个性、克制情绪、提高心理承受力以及激发斗志的机会。

李升由打杂工一跃而成为一家建筑公司的工程估价部主任，专门估算各项工程所需的价款。有一次，他的一项结算被一个核算员发现错了 2 万元，经理便把他找来，希望他以后在工作中细心一点。李升反而大发雷霆："那个核算员没有权力复核我的估算，没有权力越级报告。"老板问他："那么你的错误是确实存在的，是不是？"李升说："是的。"经理见他如此态度，本想发作一番，念及他平时工作成绩不错，便小事化无不再说什么了。不久，李升又有一个估算项目被查出了错误。经理把他找来，刚说他的错误，李升就立刻翻脸："好了，好了，不用啰唆了。我知道你还因为上次那件事怀恨于我，现在特地请了专家查我的错误，借机报复。"经理等他发泄完了，便冷冷地说："既然如此，你不妨自己去请别的专家来帮你核算一下，看看你究竟错了没有。"李升果然请别的专家核算了一下，发现自己确实错了。经理对李升说："现在我只好请你另谋高就了，我们不能让一个不许大家指出他的错误、不肯接受别人批评的人来损害公司的利益。"

负面回应批评反映了一个人不良的做事态度，会严重影响一个人的人际关系和自我提升能力。缺点、错误是一个人成功的大敌，而批评的作用就在于指出缺点，引起你的警觉，如果一个人不能善待别人的批评，那你的缺点就永远无法改正。

事实上，我们每个人都应该接受来自他人的善意批评，因为人非圣贤，孰能无过，而且往往是错的时候比对的时候多。

善意的批评是人生中不能缺少的，它是我们增长见识必须付出的代价。这就要求我们正确看待批评，不管别人对我们的批评是对还是错，与其生气不如先考量一番，有则改之，无则加勉。

一个人要想成功，就要把批评当镜子，用这块镜子来照照自己，看自己到底存在哪方面的问题，并加以改正。虚心接受别人的批评，往往可以赢得别人的好感和尊重，这对你事业的成功不无好处。

一位顾客从食品店里买了一袋食品，打开一看，食物都发霉了。他怒气冲冲地找到营业员："你们店里卖的什么东西，都发

焦虑心理学：不畏惧、不逃避，和压力做朋友

霉了！你们这不是拿顾客的健康开玩笑吗？！"几个顾客闻声赶了过来。这个营业员面带笑容，连声说："对不起，对不起！没想到食品会变质，这是我们工作的失误，非常感谢您给我们指出来，您是退钱还是换一袋呢？如果换一袋的话，可以在这里就打开来给您看一看。"面对这位营业员诚恳的微笑，并听到他真诚地说了对不起，那位顾客还能说什么呢？他又重新换了一袋，旁边的几个顾客也夸营业员的服务态度好，食品店以后的生意更加红火。

要学会把他人的批评当成宝，乐于接受建设性的批评并且遵照执行。

以下这些方法将指导你更好地对待批评：

1. 想一想到底是不是自己的错。先把利己主义抛到一边，如果朋友批评得有道理，就要客观地倾听他们的看法，并切实了解清楚，接下来应该想想如何解决问题。

2. 不要寻找替罪羊。不要试图争辩、迁怒他人或是矢口否认，以为事情能就此淡化。解释往往会被看成借口或否认。

3. 要合作，不要对抗。即使因为并不相干的事情受到了批评，也不一定非要选择对抗性的做法，不要给人留下"小家子气"的印象，多一些容人之量，和对方一起找到真正的问题才是解决之道。

请不要怀着敌意来看待批评，忠言逆耳，你要仔细聆听，了解他人的批评是否具有建设性。它能让你变得足智多谋、沉稳成熟。若懂得冷静聆听批评，既能保持情面，又对加深友谊具有积极的效益。固然有些批评是尖酸刻薄的，你也要淡化处理，这样他人才会越来越喜欢给你以忠言和卓见。

任何时候，都不要急于否定自己

英国著名政治改革家和道德家塞缪尔·斯迈尔斯认为，一个人必须养成肯定事物的习惯。如果不能做到这点，即使潜在意识能产生更好的作用，仍旧无法实现愿望。与肯定性的思考相对的，就是否定性的思考，一个人如果习惯了否定性的思考，那么他看什么都是消极的。

人类的思考容易向否定的方向发展，所以肯定思考的价值愈发重要。如果一个人经常抱着否定想法，那他必然无法期望理想人生的降临。习惯用否定思维思考的人，他们往往对自己缺乏自信，他们经常否定自己，他们老是认为"凡事我都做不好""人生毫无意义可言，整个世界只是黑暗""过去屡屡失败，这次也必然失败""没有人肯和我合作""我是一个没什么能力和特长的人"……抱着这种想法，他们的生活往往不快乐。

当我们问及此种想法为何产生，得到的回答多半是："我本来就是这样，我对我自己也没什么信心"，尤其是忧郁者，他们会异口同声地说："我也拿自己没办法。"然而，换一个角度去想，现实并不如你所想象得那么糟。

肯定了自我，有了乐观而积极的想法，我们才会找到新的人生方向和意义。诸如失恋、失业之类的残酷事实，有时会不可避免地发生，但千万不要因此而绝望地否定自己，从此就一蹶不振。只要我们肯定自己的能力，相信自己还可以继续生活下去，就没什么可以阻挡我们前进。

特别是当我们处于绝望的状态时，我们更应肯定自己，告诉自己凡事只有尝试过了才知道结果，不要在一切行动还没开始之前，就先下结论断定自己不行。

两兄弟相伴去遥远的地方寻找人生的幸福和快乐。他们一路上风餐露宿，困难重重，在即将到达目的地的时候，遇到了一条风急浪高的大河，而河的彼岸就是幸福和快乐的天堂。关于如何渡过这条河，两个人产生了不同的意见，哥哥建议采伐附近的树木造成一条木船渡过河去，弟弟则认为无论哪种办法都不可能渡得了这条河，只能等这条河流干了，才能走过去。

于是，建议造船的哥哥每天砍伐树木，辛苦而积极地制造船只，同时学会了游泳；而弟弟则每天只知道消极等待，等待河里的水快快干掉。直到有一天，已经造好船的哥哥准备扬帆的时候，弟弟还在讥笑他的愚蠢。

不过，哥哥并不生气，临走前只对弟弟说了一句话："你没有去做这件事，怎么知道自己不行。"

能想到等河水流干了再过河，这确实是一个"伟大"的创意，可惜这是个注定永远失败的创意。这条大河终究没有干枯掉，而造船的哥哥经过一番风浪最终到达彼岸，两人后来在这条河的两岸定居了下来，也都有了自己的子孙后代。河的一边叫幸福和快乐的沃土，生活着一群自信的人；河的另一边叫失败和失落的荒地，生活着一群不断否定自我的人。

在我们的身边经常听到这样的声音，"我不行""我不能"。你真的不能吗？你真的不行吗？不一定。你没去尝试，你怎么知道自己不行？

经常把"我不行""我不能"挂在嘴边，是一种愚蠢的做法。为什么这么说，因为如果我们常常说自己不行，就相当于给了自己一个消极的心理暗示。你的意识会接受并慢慢记住这个指令，时间长了，你真的就会朝着这个方向发展。

所以，你永远不要说"我不行""我不可以""我一定做不到"之类的话。记住一个吸引力法则：你想美好的事情，美好的事情就真的会跟随而来；你想消极的事情，事情就会朝着消极的方向发展。因此，无论什么时候，无论做任何事情前，我们都不要急于否定自己。

把自卑还给上帝

世上大部分不能走出困境的人都是因为对自己信心不足，他们就像一颗脆弱的小草一样，毫无信心去经历风雨，这就是一种可怕的自卑心理。所谓自卑，就是轻视自己，自己看不起自己。自卑心理严重的人，并不一定是其本身具有某些缺陷或短处，而是不能悦纳自己，总是自惭形秽，常把自己放在一个低人一等，不被自我喜欢，进而演绎成别人也看不起自己的位置，并由此陷入不能自拔的痛苦境地，心灵笼罩着永不消散的愁云。

有一位大学生，毕业后被分配在一个偏远闭塞的小镇。看着昔日的同窗有的分配到大城市，有的分配到大企业，有的投身商海，而他充满梦想的象牙塔坍塌了，好似从天堂掉进了地狱。自卑和不平衡油然而生，从此他不愿与同学或朋友见面，不参加公开的社交活动。为了改变自己的现实处境，他寄希望于报考研究生，并将此看作唯一的出路。但是，强烈的自卑与自尊交织的心理让他无法平静，在路上或商店偶然遇到一个同学，都会好几天无法安心，他痛苦极了。为了考试，为了将来，他频频拿起书本，却又因极度的厌倦而毫无成效。据他自己说："一看到书就头疼。一个英语单词记不住两分钟；读完一篇文章，头脑仍是一片空白。最后连一些学过的常识也记不住了。我的智力已经不行了，这可恶的环境让我无法安心，我恨我自己，我恨每一个人。"

几次失败以后他停止了努力，荒废了学业，当年的同学再遇到他，他已因过度酗酒而让人认不出了。

一个怀有自卑情结的人，往往坐失良机。当大好的人生机遇出现在眼前时，自卑者往往不敢伸手一抓，不敢奋力一搏。未战心先怯，白白贻误良机。

更重要的是，具有自卑情结，会造成人格和心理的卑怯，不敢面对挑战，不敢以火热的激情拥抱生活，而是卑怯地自怨自艾。久而久之，积卑成"病"，失去应有的雄心和志气。

那我们应该如何克服自卑，建立真正的自信呢？

每天照三遍镜子

清晨出门时，对着镜子修饰仪表，整理着装，务必使自己的外表处于最佳状态。午饭后，再照一遍镜子，修饰一下自己，保持整洁。晚上就寝前洗脸时再照照镜子。这样，一整天你都不必为自己的仪表担心，而会一心去工作、学习。

参加集会时，坐在前面

坐在前排，是培养自信的一个好方法。

坐在前面比较显眼，没错！虽然坐在前排较醒目，但是别忘了想不醒目而成功是不可能的。成功本身就很显眼，引起别人注意可以增强你的心理承受能力。

现在起，你可以在参加各种集会时尽量以坐在前排为原则。

只要走入人群，就坐到人群的最前面去。如果你能养成自动坐到前面的习惯，那么，这种习惯会带给你无限自信。

和别人谈话时，注视对方的眼睛

凝神注视对方，等于告诉对方："我是正直的人，对你绝不隐瞒任何事情。我对你说的话，是我打心底里相信的事情。我没有任何恐惧感，我对自己充满了信心。"

微笑，给自己更多自信

微笑是自信缺乏者的特效药，微笑能给自己带来自信，使你祛除恐惧与烦恼，击碎消沉的意志。微笑能唤起对自我的认同，当你微笑时，说明你看重自己和自己的状态，对自己感到满意，这将有助于你更上一层楼；你微笑，在别人看来你是一位大方开朗的人，无形中会吸引对方，由此更能赢得别人的尊重。

别人的否定不会降低你的价值

生命的价值取决于我们自身，除了自己，没人能让我们贬值。很多人在生命中会遇到低谷，有失意的时候，但苦难也不能让生命贬值；相反，它更是财富。

1944 年 4 月 7 日，施罗德出生在一个贫民家庭，他出生后第三天，父亲就战死在罗马尼亚。母亲带着他们姐弟二人相依为命。

生活的艰难使母亲欠下许多债。一天，债主逼上门来，母亲除了痛哭无能为力。年幼的施罗德拍着母亲的肩膀安慰她说："别伤心，妈妈，总有一天我会开着奔驰车来接你的！"40年后，终于等到了这一天。施罗德担任了下萨克森州总理，开着奔驰车把母亲接到一家大饭店，为老人家庆祝80岁生日。

1950年，施罗德上学了。因交不起学费，初中毕业后他就到一家零售店当了学徒。贫穷带来的被轻视和瞧不起，使他立志要改变自己的人生："我一定要从这里走出去。"他想学习，他在寻找机会。1962年，他辞去了店员之职，到一家夜校学习。他一边学习，一边到建筑工地当清洁工。这样不仅收入有所增加，而且圆了他的上学梦。

4年后，他进入哥廷根大学夜校学习法律，圆了上大学的梦。毕业之后，他当了律师。32岁时，他当上了汉诺威霍尔律师事务所的合伙人。回顾自己的经历，他说，每个人都要通过自己的勤奋努力，而不是通过父母的金钱来使自己接受教育。这对个人的成长至关重要。

通过对法律的研究，施罗德对政治产生了兴趣。他积极参加政党的集会，最终加入了社会民主党。此后，他逐渐崭露头角、步步提升。1969年，他担任哥廷根地区的主席，1971年得到政界的肯定，1980年当选议员。1990年他当选为下萨克森州总理，并于1994年、1998年两次连任。政坛得志，没有使他放弃做联邦政治家的雄心。1998年10月，他走进联邦德国总理府。

是的，就像施罗德这样，即使再困苦，他的生命也不卑微，也没有贬值。在我们的生活中，或许常常会因角色的卑微而否定自己的智慧，因地位的低下而放弃自己的梦想，有时甚至因被人歧视而消沉，因不被人赏识而苦恼。这个时候，我们就应该大声对自己说：我生命的火焰永不熄灭，总有一天，会照亮大地与天空。

　　"自古雄才多磨难，从来纨绔少伟男"，人们最出色的工作往往是在挫折逆境中做出的。我们要有一个辩证的挫折观，认识到挫折和教训可以使我们变得聪明和成熟，正是失败本身才最终造就了成功。

任何时候都不要忘了自我赞美

　　尼采说："每个人距自己是最远的。"这句话的意思是说，人类最不了解的是自己，最容易疏忽的也是自己。

　　有人说，演员必须有人赞美，如果好长时间没人赞美，他就应自己赞美自己，这样才能使自己经常保持舞台激情。员工需要老板的褒奖，学生需要老师的表扬，孩子需要父母的肯定，都是一个道理。人们的心灵是脆弱的，需要经常的激励与抚慰，常常自我激励、自我表扬，会使自己的心灵快乐无比，并让自己时常存有自信的感觉。

一个人只有时刻保持自信和快乐的感觉，才会使自己在不顺心的生活中更加热爱生命、热爱生活。只有快乐、愉悦的心情，才能激发人的创造力。只有不断给自己创造快乐，才能远离痛苦与烦恼，才能拥有快乐的人生。

　　一个喜欢棒球的小男孩，生日时得到一副新的球棒。他激动万分地冲出屋子，大喊道："我是世界上最好的棒球手！"他把球高高地扔向天空，举棒击球，结果没中。他毫不犹豫地第二次拿起了球，挑战似的喊道："我是世界上最好的棒球手！"这次他打得更带劲，但又没击中，反而跌了一跤，擦破了皮。男孩第三次站了起来，再次击球。这一次准头更差，连球也丢了。他望了望球棒道："嘿，你知道吗，我是世界上最伟大的击球手！"

　　后来，这个男孩果然成了棒球史上罕见的神球手。是自己的赞美给了他力量，是自我赞美成就了小男孩的梦想。也许有一天，我们能像小男孩一样登上成功的顶峰，那时再回首今天，我们会看见通往凯旋门的大道上，除了脚印、汗水、泪水外，还有一个个驿站，那便是自己的赞美。

　　这种对自我的赞美，正是一颗深深地植根于自己灵魂中的种子，最后一定会在现实生活中结出无数颗能展示生命之美的果实。

　　当年拿破仑在奥辛威茨不得不面临着与数倍于自己的强敌决战时，拿破仑对即将投入战斗的将士们说："……我的兄弟们，请你们记住：我们法兰西的战士，是世界上最优秀的战士，是永远都不可战胜的英雄！当你冲向敌人的时候，我希望你们能高喊着：我是最优秀的战士，我是不可战胜的英雄！"战斗中，法国将士高喊着"我是最优秀的战士，我是不可战胜的英雄"的口号，他们以一当十，摧枯拉朽，大败奥、俄等国的联军。

赞美自己，你就可从中获得不可战胜的力量；赞美自己，你就可使自信的阳光融化心中的任何胆怯和懦弱；赞美自己，你就可以唤醒自己生命里沉睡的智慧和能力，从而推动自己事业的蓬勃发展；赞美自己，你的灵魂从此将不再迷失在绝望的黑暗里……

渴望得到别人的赞美毕竟不如自己赞美自己来得容易。既然我们需要赞美，既然赞美可以让我们更上一层楼，催我们奋进，那么我们为什么不时常赞美自己几句呢？赞美自己几句，为自己喝彩，为自己叫好，你就能体会到成功的喜悦。

第六章

战胜拖延症，自律的人都拥有

开挂的人生

拖延与焦虑是一对孪生兄弟

拖延和焦虑的关系，犹如焦不离孟、孟不离焦的一对孪生兄弟，它们亲密无间，可以说是世界上最好的搭档。

心理学家不乏对焦虑和拖延症之间关系的研究，研究表明，焦虑感的增加与拖延症有很大的关系。当你因为任务完不成的时候而产生焦虑，你是否还记得这种变化是因为拖延而产生的？拖延了之后你是感觉暂时放松了还是感觉持续的焦虑？当截止日期愈来愈接近时，你的焦虑感是不是又急速攀升了呢？

不少人使出拖延这一缓兵之计，可能会使自己暂时摆脱焦虑感的折磨，甚至可能说服自己享受片刻的舒适。但事实上，焦虑感并未消除，你十分清楚这些被拖延的工作和决定是必须做的，随着最后期限的逼近，你的焦虑感也就会随之上升。

拖延的罪恶感和对无法按时完成的恐惧感会大大降低你的工作效率，这会让你身心俱疲，然而拖延与焦虑相互作用的整个过程还是会周而复始地出现。

但是，最初的焦虑感究竟来自何方呢？一开始是因为什么要推迟自己手头上的事呢？其实，焦虑感可能来源于不同情绪的杂合，其中主要包括自我怀疑、对失败的恐惧等。

我们都有这样的体验，当认为自己有能力完成事情的时候，往往就能又快又好地去做。如果你怀疑自己的能力，由于害怕面对失败的窘境，又会发生什么呢？你很有可能出现拖延的行为，又为了拖延而焦虑。这种自我怀疑让许多拖延症患者举步不前。

　　有些人对自己正在做的工作感到担忧，这种负面的、消极的情绪会拖累那些本来有实力，可以拥有光明前途的人。实际上，很多被公认将拥有大好前程的人，往往都是最害怕失败的，因为期望过高导致他们更容易失望。

　　有的人可能本身很优秀，但是为了追求成功，却害怕提出不合适的观点或错误的方案，于是，他们在开会的时候总是保持安静。他们害怕上司对自己失望，这种异常的焦虑和恐慌使他感到寸步难行，唯有通过拖延来逃避这种焦虑感。

　　害怕失败正是造成焦虑和拖延的重要原因之一。当面对可能发生的失败时，有些人会让自己失败的画面整夜在脑海中生动上演，而这又加深了自己的焦虑。从某种程度上来看，拖延症能帮助逃离这种恐惧。

　　一个缺乏自信的人，在人生的道路上是怯懦的，他们害怕被否定，害怕被质疑，因为害怕，他们选择了拖延，而拖延带给他们的除了暂时的心理舒适外，更多的是循环往复的焦虑。

　　马艳从大学毕业后，就成为县一中的语文老师。学校领导对这个师范大学高材生另眼看待，她一入职就让她担任高一重点班一班的班主任。然而，高材生马艳却辜负了学校领导的期待，期末考试时，一班的成绩竟然还不如普通班，这简直有点儿说不过去。

而马艳面对这样的结果，她也进行了认真的反思。这一学期以来，她工作压力并不小，虽然她刚刚入职，没有任何经验，却被委以重任，这让她心中发虚，很长一段时间都在心里打鼓，生怕自己做不好班主任。而这种自我怀疑也让她下意识地在规避一个班主任的责任，这让她变得焦虑，同时为了缓解这种焦虑，她对班级管理工作能拖就拖，实在拖不了也敷衍以对。这样一学期下来，这个班级的管理当然是一团糟。

当马艳找到自己的症结后，她不再拖延，不再逃避，此后花了更多的心思在班级管理上，与此同时，她的焦虑以及压力也大大减轻了，而一班最终也成为"学霸"班。

当你选择相信自己的时候，你会发现困难是如此的脆弱。拖延不可怕，焦虑也不可怕，可怕的是我们对自己的看法。拿起"自信"之刀，将"拖延"的荆棘通通砍倒，我们将会迎来人生的阳光大道。

你拖或不拖，问题就在那里

你打算什么时候开始完成手头上的项目？你在等什么，还有什么没准备好？你在等待别人的帮助还是等待问题自动消失？无论我们如何拖延，问题依然会存在。只有积极行动起来，才能让问题消失，这才是解决问题的关键所在。

拖延并不能使问题消失，也不能使解决问题变得容易，而只会使问题深化，给工作造成严重的危害。与其把时间浪费在拖延上，不如把时间省下来，多想出几个解决方案。

大多数人面临问题的时候，总是习惯性地寻找各种理由为自己的懒惰、懦弱、无能和失误做掩饰，但这根本就是饮鸩止渴，不能为问题的解决提供任何实质性的帮助，甚至使问题变得更加复杂，更加难以解决。很多时候本可以及时处理的一个小问题，却因为拖延，最终变成了工作中最难啃的一块硬骨头。

李平是一家企业的经理助理。3年来，他勤奋努力，事必躬亲，比经理还要忙，可不但没有任何升职加薪的迹象，而且还让经理到了忍无可忍想要换人的地步。这究竟是为什么呢？李平有个致命的缺点：非拖到不能再拖的时候，才动手去处理，结果使问题越积越多。

有一次，经理要赴国外公干，要在一个国际性的商务会议上发表演说。他交代李平把所需的各种物件都准备妥当，包括演讲稿在内。李平想时间还有一周呢，等会儿再做吧。他突然想起上几周那些复杂的销售报表还没写，需要报到总部的销售分析报告也还耽搁着。他吓出一身冷汗，立即忙了起来。好不容易忙完了，他刚想歇会儿的时候，经理就打电话问李平："你负责预备的那份文件和数据呢？"于是他立即着手去做，熬了一个通宵终于在第二天早上把文件交到经理手里，但是经理的脸色始终阴晴不定，因为他明显看出文件准备不充分。

李平的忙碌没有获得应有的回报，拖延使得工作上的问题像滚雪球那样越滚越多，越来越难以解决，使他心力交瘁，疲于奔命。

任何事情的完成都不是一帆风顺的，在工作的过程中很可能荆棘密布，在困难面前我们应该如何行动呢？当任务降临时，应该以一个勇者的姿态来面对困难，筹划对策，积极执行。

稻盛和夫在进入公司大约一年，便接受了一项新任务。他负责研究开发一种叫作"镁橄榄石"的新型陶瓷。它绝缘性能好，特别适用于高频电流，是用作电视机显像管的最理想的绝缘材料。与当时另一种比较传统的材料滑石瓷相比，它的优势非常明显，应用已呈现爆发式增长。

这种新型材料在合成成型方面却没有成功先例，可谓是前无古人。无论是对于稻盛和夫还是对于公司来讲，"镁橄榄石"的研发都是一只拦路虎，来势凶猛、迫在眉睫又极具挑战性。

单位里设备简陋，稻盛绞尽脑汁反复试验，可结果总是不理想。于是他昼夜不分、苦思冥想，几乎痴狂地进行试验，最后终于合成成功。

后来稻盛和夫得知，成功合成"镁橄榄石"的除了自己，只有美国的通用电气一家。所以当时稻盛研发的"镁橄榄石"成为业界的焦点。

最早以"镁橄榄石"为材料开发成的产品是"U字形绝缘体"。松下电器产业集团中负责显像管生产制造的一个部门向京瓷下了订单。当时日本家庭显像管式电视机开始普及，"U 字形绝缘体"作为电子枪中的绝缘零件，最为理想不过了。

开发中最棘手的问题是 "镁橄榄石"粉末非常松脆、不易成型。像和面一样，需要有黏性的材料。添加黏土可以增加黏性，但无法去除其中的杂质。

稻盛和夫每天思考、反复试验，然而费尽心思却不得要领。

有一天，稻盛和夫一边想着如何解决这个难题，一边走进实验室。他不经意间被某个容器绊了一下，下意识一看，鞋上沾满了实验用的松香树脂。就在那个瞬间，他脑海中灵光一闪：就是它！

稻盛和夫立即将松香与陶瓷粉末合成，这次成型成功了，而且将它放进高温炉里烧结时，松香都被烧尽挥发。这样成品"U字形绝缘体"中就没有任何杂质了。曾那么令人头痛的难题居然迎刃而解。

拖延是一种消极的心态，往往会使问题的难度增加，于解决问题无益。我们在工作、生活当中更需要告别拖延，积极地面对和解决所有的问题。遇到困难和问题不再选择拖延，这是我们从稻盛和夫的经历中得到的启示。如果稻盛和夫找点借口，对工作拖延、打折扣，最后的结果可想而知，他不可能拥有创造价值的机会。

不拖延，这是面对困难和问题时的一种积极态度，也是使自己不断进步的重要保障。

"压力山大"很烦人

也许有人觉得，压力会带来动力。没有压力我们会变得更懒散和拖延。因此，给自己压力往往成了这些人战胜拖延的"秘诀"，但其实不是这样。

不少拖延者的一大谎言是，认为时间的紧迫会让他们更具有工作效率。惯于拖延的人可能有这样的借口，如"我明天会更乐意做这件事""我在压力下能更好地工作"，而实际上，等到了第二天，照样没有工作的热情，在压力下也不见得工作出色。

心理学家张侃认为，工作越多、压力越大，越容易拖拉。可以说，拖延总是伴随着压力而生的。压力会在很多方面造成拖延，巨大的压力让我们逃避带来压力的工作。

心理学家发现，尽管压力感可以带来一定的效率，但一件事拖到最后，会面临巨大的时间压力，在这种压力的逼迫下做事，会消耗更多的心理能量，让人充满忧虑、焦灼和内疚感。

压力和动力之间的关系，是一个倒 U 型曲线。当压力强度在曲线转折点的那个最高点上，人的潜能最容易被激发，压力最能创造动力。但是过了这个值以后，压力会产生更多焦虑、抑郁等负性情绪，当我们自觉无法应对压力时尤其如此。于是我们陷入了这样的怪圈：压力越大，我们越需要时间和精力来放松。放松后回头一看，原本就很紧迫的时间又消失了些，压力更大了，只好继续放松。压力和拖延就这样形成了恶性循环。

　　某大学的小李本是品学兼优的学生，父母为供他读书四处举债，而这让他感受到了不少压力。大四那年，小李却面临这样的窘境：如果无法在一学期之内修完之前落下的 6 门课，他就要被延期毕业，甚至退学。可就在这时候，他沉溺于网游。他完全知道自己顺利毕业参加工作对这个家庭的意义，但是在此时他却选择了逃避。他甚至想，毕不了业去干体力活，也能帮家里分担负担。小李同学的拖延症很大程度上来自家庭的经济压力。

　　人有一种"习得性无助"的无奈感，时间压力有时候会让人产生这样的习得性无助，那种我再努力也无法赶上时间进度的感觉。这时候，压力除了制造焦虑，再也不会激起人努力的欲望了。从这个角度来说，压力是拖延症最忠实的盟友；甚至可以说，拖延症的问题，某种意义上，也就是压力管理问题。

　　晚上，高波坐在客厅里看电视，但是显得有点无精打采。老妈在屋子里忙前忙后，看到有点不在状态的儿子，她问："出什么事了，怎么像霜打的茄子？"

　　"没事，就是最近特别烦！"高波在老妈面前倒也不伪装。

　　"你去玩会儿游戏吧！心情烦的时候，就去玩游戏。"老妈绝对是最心疼儿子的人，想方设法让儿子不受委屈。

　　"这几天我也没有玩游戏的心思，没什么意思。玩的时候，一直想着还有工作没做出来，周一就得交方案了，心里特别着急。一着急吧，游戏就玩不好，总是输，然后就更心烦，整个人都不在状态。"高波如实地说出了自己的困扰。

"后天就要交了，那你怎么还在这里待着？赶紧去做啊！"老妈显得十分着急。

"我知道时间很紧，可就是不想动。一想起工作的事，半天都找不到头绪，不知道死了多少脑细胞。昨天我就挺烦的，可想着不是还有今天吗？也就没往心里去。可到了现在，我还是静不下心来，一直拖着没动，我心里都快急死了……"

高波嘴上虽然很着急，但是还是窝在客厅没有动弹。其实，深受压力而又选择拖延的人，何止高波一个人呢？所有拖延的人都似乎是同样的表现，心里压力山大，手里却还在点着微博、微信、淘宝，绝对会将工作拖延到最后一刻。

很多人在工作的时候会有这样的体验。工作任务不紧的时候，他也不会早早完成工作，假模假式地在那里耗着。等到压力真正降临时，他又开始焦头烂额，一边抱怨压力大，一边辛苦地干活，但他却不知道这些压力都是自己造成的。

如果我们从一开始就有条不紊、从从容容地开展工作，心里应该会更加踏实，完成任务之后也会更有成就感。不过，这样的感受，受压力困扰的拖延症患者似乎很少体验过。他们所感受到的，不过是拖延与压力恶性循环之后带来的烦恼和苦闷。

拖延你好，成功再见

一些习惯拖延的学生会说："许多人都在玩，我又何必这么紧张呢？"那些习惯拖延的职员会说："大家都这样工作，我又何必这么认真呢？"那些习惯拖延的人会说："等以后再努力，今天又何必这么努力呢？"……

每当要付出辛劳时，总是能找出一些借口来安慰自己，总想让当下的自己轻松些、舒服些。人们都有这样的经历：清晨闹钟将你从睡梦中惊醒，你一边想着该起床了，一边又不断地给自己寻找借口"再等一会儿"，于是又躺了5分钟，甚至10分钟……

拖延的背后其实是个人的惰性心理作怪，因为选择了借口就意味着能享受到"便利"，同时也带来了"思考放弃症"。在享受"思考放弃症"带来的便利的同时，也推掉了可能降临的机会。

当J先生还在上小学的时候，他不想做老师布置的作业，就对自己说："不要紧，老师布置的功课太多。"参加工作后，面对工作上的种种难题，他又对自己说："刚毕业的学生，不懂的地方多着呢。"中年的时候，和J先生同时进入公司的同事，都已经节节升迁。J先生却不以为然地说："他们不比我聪明多少，只是机遇比我好一点罢了。"

在他退休的时候，一切在轻松悠闲中已经过去了，他什么也没有得到。J先生这时才蓦然发现，往事不堪回首："其实有很多机会，我抓住了都可能获得晋升。比如有一次，公司想派我到西部去掌管分公司，但是需要我在一个项目上展现实力，但自己却因为拖延没有把项目做好。"

一旦因为拖延替自己开脱责任后，人的一生自然会享受到种种"便利"，但最终也会注定人生的碌碌无为。

我们盘点自己的得失时，对拖延的利弊应该有更清楚的认识：拖延得到的暂时"便利"，终会换来今后的"沉重"人生。

小郭工作 5 年来，不仅没有得到晋升，甚至面临着失业。是什么导致了他这样的境遇？

刚进公司的小郭是个非常有竞争优势的年轻人。顶着名牌大学毕业生的光环，但是，他来到这家公司后，发现现实与自己的理想有偏差，对工作、企业都产生了抵触情绪。他觉得自己的学历比别人高，能力比别人强，却屈尊在小公司里，于是终日混混度日，有事情也不积极解决，能拖则拖，寄希望于时间可以解决一切。

更让同事们不能容忍的是，他总是仗着资历老，在紧急的项目面前不紧不慢的，"别着急啊，这个工作我做了几年了，两天就完了。""现在没兴趣，过几天再说吧。"在小郭的拖延中，很多问题都得不到解决，和他一组的同事却因为他一起受到了公司的惩罚。

同事们不愿再与他协作，上司也对他产生了看法。而小郭却没有意识到自己的问题，对待工作仍改不了拖延的毛病。5 年时间下来，小郭做好的项目屈指可数，上司越来越不满意他的表现了。

平庸者的经典台词往往是："缓一缓吧，明天一切都好了！"用这种思维方式，用这种逻辑为自己开脱的人比比皆是。某种程度上，一个人在拖延问题上所表现出来的态度是他走向卓越或平庸的分水岭。平庸者遇到问题只会不断拖延，成功者面对困难积极想办法解决问题。

与拖延拥抱，也意味着与幸福远离。看"幸福"的"幸"字很有意思，它和"辛苦"的"辛"字长得很像，简直是一对孪生兄弟。在"辛"上多一点努力就变成了"幸"，或者说辛苦跨一步就是幸福。这也正说明了辛苦和幸福的关系，辛苦一下，幸福就来了。选择不拖延，多一点辛苦，幸福和成功也就近了。

选择不拖延的生活方式，这是一种全身心地投入人生的生活方式。当你活在当下，而没有过去拖你的后腿，也没有迷茫阻碍你往前时，你全部的能量都集中在这一时刻，生命也因此具有一种强烈的张力，你可以把全部的激情放在这一刻，你的成功也就近在咫尺。

人性的弱点：拖延与生俱来

有人认为，拖延就像蒲公英。某段时间以为自己已经拔除掉了拖延症，以为它不会再长出来了，但是实际上它的根埋藏得很深，很快又"长"出来了。对某些人来说，拖延症根深蒂固，无法轻易根除。

当别人诟病你的拖延症有多严重时，你可以辩解说这不是你的问题，因为很可能拖延症是天生的。美国科罗拉多大学研究员的最新研究发现，拖延症受基因影响。这是基于对 181 对同卵双胞胎和 161 对异卵双胞胎的研究得出的推测结论。

研究在美国科罗拉多大学波德分校进行，其结果显示，人类拖延的倾向可以在基因中找到根源。这也解释了为什么每个人或多或少都有一些拖延的行为。

也就是说，确实有一些生物上的因素会导致拖延症。比如，如果你患有某种程度的注意力缺失、执行障碍、季节情绪紊乱、抑郁症、强迫症、慢性紧张或者失眠，在这样的一些情况中，在你大脑中运行的这些生化因素很可能会跟你的拖延有着密切的关系。

在对以下内容的了解中，我们每个人都可能会受益匪浅，你也可以运用这些知识来帮助自己克服拖延症。

1. 你的大脑处在不断的变化中

我们的生活经验激发了大脑细胞（神经元），将电子脉冲从一个神经元传导到另一个，并释放出生化信息，促使这些神经元在数量上不断增长，也在连结度上不断紧密化。你做某件事情越多，你的大脑就对那个活动反应越多；它会把被要求的事情做得越来越快、越来越好（不管对你来说是好事还是坏事——强化旧的顽固行为），这个就叫"可塑性悖论"。

2. 无意识的感受会产生恐惧

你推迟做出决定是因为你害怕去做。拖延者企图逃避的不是某个任务，而是由这个任务引发的某种感受！为了不再拖延，你将不得不忍受某些不舒服的感受，比如恐惧和焦虑。不顾恐惧而继续向前需要加倍的勇气，因为恐惧是被瞬间触发的，一旦在体内运行，它就一直在那里，它还会给大脑发送强烈的难以抵挡的信号。在你想到去做那个你一直在逃避的事情的时候（比如打个电话、写论文），你的身体马上对这样的恐惧做出了躲避反应，所以也难怪会拖延。

也许这来自无意识的危险或恐惧的感受，让你不知道自己为什么要逃避某一件事情，但是每次你都逃开了。

3. 潜伏记忆的影响

如果你在一件事情上拖延，但是又不能找到让你恐惧或不舒服的确切原因，那么很可能是受到你潜伏着的记忆的影响。你可能不记得这个经验本身，但是你的大脑和身体却对此发生了反应，产生了一阵情感痛苦，从而导致你逃避这件事情。

虽然你无法记起让你陷入逃避的原因，但是你埋藏在深处的记忆，包括恐慌、羞耻、负疚、厌恶和自责等却挥之不去。这时，只有发挥你的理性思考能力，让被激发的潜伏记忆乖乖听话，抑制住潜伏记忆的不利影响，而不再拖延。

4. 低自尊也是拖延症的一大原因

有人在不经意间卷入了一场怎样看待自己的挣扎：你是有能力的吗？你可以有自己的想法吗？你值得被爱、值得被尊敬吗？而这种不自信的想法无疑促成了拖延行为的发生。

5. 左逆转

科学家认为，在人的大脑左半球的某一个部分（左额叶）是跟关照、感应和同情这样的感情有关的。当这个区域被激活，我们就会感到放松，对世界怀着开放的心态。相反，在一种不舒服的、负面的情绪中，我们就会倾向于撤退到自己的世界中。主管这些负面情绪的部位是在大脑的右半球。

友善地对待自己会刺激大脑的相应部位，也就是所谓的"左逆转"，从而创造出一种与抗压感和健全感良性循环的状态。而这些东西跟拖延症有很大的关系。

通过左逆转，能够平复自己的心情，并以同情和友善的态度对待自己，一件事情或者一个处境，无论它们让你生气、恐惧，还是让你受到威胁或者感到无聊，如果你能够正确地对待它们，你就不会陷入拖延的泥沼。

当你拖延着做一件难事的时候，你的大脑依然会显示出恐惧的迹象，你马上会感到负面情绪向你袭来。如果此时你能够以一种新的方式应对这种反应，用鼓励的态度来对待自己，一个友善的声音会给你足够的安全感去走进这个不舒服的情感地带。随着时间推移，通过练习，你就会展现出和以前拖延状态不一样的状态。

我们相信，你越能够在内心创造出一个积极的状态，那么你成为拖延症患者的可能性也就越小。

诡异的心理症结：拖延带来的劣质快感

拖延，许多时候是我们的"朋友"，这似乎有点让人难以理解。没错，拖延能给人带来快感，试想，拖延这种看似适应不良的行为能够持续地存在下去，一定是有原因的。这种原因通常是：在看似痛苦纠结的表面背后，拖延行为使得个人获得了某些好处。

拖延带给我们很多快乐和满足，比如说，不少人把所有事情都拖到最后一刻完成，那么在最后一刻到来之前的那些时间，她完全可以自由支配，如果不是有"拖延"的帮助，他们哪里能享受"浮生偷得几日闲"？

不过，这种快乐和满足是要付出代价的。如果任由我们满足自己"好逸恶劳"的天性，不加以引导和控制，这种愉快感就难以为继了。这就像一个人很享受美食，但不加控制地吃，很有可能会出现身体健康问题。对于拖延者而言，拖延者预先过多地放纵了自己去享受自由时光，而没有对这种满足感进行适当控制。而且，正因为每次都是轻松悠闲的诱惑在先，痛苦纠结的期限在后。拖延者往往好了伤疤忘了疼，一次又一次走入先快乐后痛苦的过程。

不少大学生都有这样的体验，到学期期末考试期间，总是忙得焦头烂额。临近期末，各种论文和考试临近，本应在平时就扎实完成的作业和复习任务，把学生的日程堆得满满当当。无奈，只得日日夜夜地努力奋战：白天去考试，晚间挑灯夜读。实在困得不行了，就趴在桌子上睡上一两个小时。

如果期末刚巧有几门考试和论文的期限凑在一处，那就不得不连续几天开夜车：一面努力复习，一面又担心时间不够用，考试挂科，后悔自己没早点开始复习。那几天真是又焦虑，又后悔，又自责，又内疚，又得努力干活，不能睡觉。忙得昏天黑地，内心各种挣扎纠结。在此时，他们一般都会下定决心下次不会这样了。但真到了下一次，又故伎重演，重蹈覆辙。

不少人习惯拖延，往往把所有事情拖到最后一刻才完成，更有甚者，到最后一刻也没有完成。

有些人总是习惯等到最后一刻才行动，特拉华州大学的心理学家 M. 朱克曼认为这样的人所追求的是：寻求刺激。他说："这类人需要肾上腺素迅速上升带来的刺激感，宣称有压力才有动力，在高压下做事，才能获得这种刺激感。事实又如何呢？他们在有限的时间里，往往根本没办法很好地完成任务。"

的确，我们经常听到有人信誓旦旦地说："没问题，肯定能做好。"可结果往往是，到了最后，发现很多想处理的问题都根本来不及处理了。

对这样的现象，朱克曼教授又解释说："你一次又一次地推迟完成工作计划，直到越来越接近临界线，你错误地认为，这是最好的完成任务的方法。此时，你所经历的任何一种情感上的满足，并不是你继续拖延的动机所在。相反，你所体验的'刺激感'是在时间所剩不多的情况下，匆忙赶工产生的一种焦虑感，这种情感是拖延产生的结果，而非原因。"

这也就是说，对于工作非要等到火烧眉毛了才挑灯夜战的情况，实际上就是在寻求刺激，盼着最后几分钟的忙碌所带来的劣质快感。因为他们认为，自己到了紧迫的程度，才能把内在的潜力给逼出来。不过，这只是一厢情愿的看法。

德保尔大学著名的心理学教授约瑟夫·费拉里讲述过这样一件事情。伦敦某家报社，通常要求记者们周一上报自己的选题，周二则召集 12 个小组的编辑召开会议，选出这一周最为满意的主题。这 12 个小组彼此之间相互竞争，毫无理智地抨击别人的构想。就这样，他们一般会拖到周五才能选定出哪个构思最合适。

不过，此时离周日的出版时间已经很近了。这就迫使那些被最终拍板的选题作者在有限的时间里拼命地赶稿。时间如此紧迫，他们根本就没有任何修改稿件的工夫。刊载出来的东西，质量就可想而知了。

看来，寻求劣质刺激的不只是一个人两个人，而是一种普遍现象。可不管是谁，不管是怎么个拖延法，要承受的代价却是一样的。如果你一味地放纵自己的小延迟，一再地享受最后完成工作的快感，当有一天压力积聚到你的身体和大脑完全不能承受的时候，后悔就已经晚了。

找到你的心理舒适区

所谓心理舒适区，它是指人们习惯的一些心理模式，是让人感到熟悉、驾轻就熟时的心理状态，如果人们的行为超出了这些模式，就会感到不安全、焦虑，甚至恐惧。

拖延始终是人们维护心理舒适边界的一种方式，但是，用推迟和拖拉来换取内心的舒适，这并不能解决根本问题。人们必须面对问题，将解决问题看成是一次心理成长的机会，拖延或许可以让自己找到暂时舒适的状态，但它也阻碍了个人的进步和成长。

心理舒适区的最大功用是逃避社会现实压力。之所以说逃避社会现实压力，是因为环境在不停变化，现在的舒适区肯定不能是一直觉得舒适的条件，必然面临更多的挑战而会变得不舒适，

焦虑心理学：不畏惧、不逃避，和压力做朋友

而心理上一旦产生惰性，就会导致停留在现有的舒适区从而忽略这些让人觉得不舒适的环境变化带来的挑战和压力。

很多人选择拖延，一直不愿从事"痛苦"的工作。这是强烈的维持现状的心理在作怪，不想从惬意的状态里走出来。比如说你明天必须要交一份策划文案，但你此时坐在沙发上，迟迟不肯起身。这是因为你沉浸在自己的安逸中，现在这么舒服，何苦要去做"痛苦"的事呢？

从沙发到办公桌，需要很大的心理跨度，这对拖延症患者来说，是很难做到的。而分析更深层次的原因，则是人的惰性。惰性是大部分人们沉溺在自己的舒适区的性格因素，这个因素最终致使我们陷入拖延的境地。懒惰是一种恶劣而卑鄙的精神重负。人一旦背上了懒惰这个包袱，就会陷入怨天尤人、精神沮丧、无所事事的拖延状态，这种人注定不会受到别人的欢迎。产生惰性的原因就是试图逃避困难的事，图安逸，怕艰苦，积习成性。

实际上，打破自己的心理舒适区，就需要改变自己的拖延行为，这是改变的开始。

有位妇人名叫雅克妮，现在她已是美国好几家公司的老板，分公司遍布美国 27 个州，雇用的工人达 8 万多。

而她原本却是一位极为普通的妇人，她的生活波澜不惊。后来由于她的丈夫意外去世，家庭的全部负担都落在她一个人身上，而且她还要抚养两个子女。在这样贫困的环境下，她被迫去工作赚钱。她每天把子女送去上学后，便利用余下的时间替别人料理家务，晚上，孩子们做功课时，她还要做一些杂务。这样，她再也找不到自己的心理舒适区，她需要一刻不停地工作。

后来，她发现很多现代妇女都外出工作，无暇整理家务。于是她灵机一动，花了7美元买清洁用品，为有需要的家庭整理琐碎家务。这一工作需要自己付出很大的勤奋与辛苦。渐渐地，她把料理家务的工作变为一种技能。后来甚至大名鼎鼎的麦当劳快餐店居然也找她代劳。雅克妮就这样夜以继日地工作，终于使订单滚滚而来。

人们选择拖延，很可能因为当前所处的环境很安逸、很舒适，这样的环境让你产生心理舒适区也是正常的，但是我们需要的是摆脱这种安逸的环境。沉溺于现状而无法自拔的人，最终有可能会被溺死在现状里。

从积极的人生角度来讲，我们应该正视拖延中的心理舒适区，及早走出自己的心理舒适区，才能获得更大的工作成就和自我价值。

借口成为习惯，如毒液腐蚀人生

要知道，人的习惯是在不知不觉中养成的，具有很强的惯性，很难根除。它总是在潜意识里告诉你，这个事这样做，那个事那样做。在习惯的作用下，哪怕是做出了不好的事，你也会觉得是理所当然的。

比如说为自己的拖延行为寻找借口。选择拖延的行为，总会为自己找到借口。而找借口，是世界上最容易办到的事情之一，因为我们可以找到很多的借口去自我安慰，掩饰自己的错误。在工作和生活中就是这样，有的人常常把不成功归咎于外界因素，总是要去找一些敷衍其他人的借口。久而久之，我们就会养成一个习惯：借口越找越多。于是，我们靠着一个又一个借口麻痹自己，在一个又一个借口中消磨生活的勇气和热情。

当我们千方百计为失败找借口时，时间在一个又一个借口中悄然流逝，个性的棱角在一个又一个借口中被磨平。原本尚存的希望，也在一个又一个借口中溜走；原本尚存的斗志，在一个又一个借口中远离；原本尚存的机遇，在一个又一个借口中错过……

如果在工作中以某种借口为自己的过错和应负的责任开脱，第一次你可能会沉浸在借口为自己带来的暂时的舒适和安全之中而不自知。于是，这种借口所带来的"好处"会让你第二次、第三次为自己去寻找借口，因为在你的思想里，你已经接受了这种寻找借口的行为。不幸的是，你很可能就会形成一种寻找借口的习惯。

这是一种十分可怕的消极的心理习惯，它会让你的工作变得拖沓而没有效率，会让你变得消极而最终一事无成。于是，便有可能出现这样的情境：两眼紧盯屏幕，其实脑中却空空如也，什么也没有想；面对一份方案，即使抓耳挠腮、咬牙切齿、搜肠刮肚，依然没有新的想法，更别说靠谱的方案。此时头脑内部就像早已干涸的河床，大脑的运动就像休眠中的火山……这时候，你才会明白，长期的借口会腐蚀你的大脑。

现代铁路两条铁轨之间的标准距离是 4.85 英尺。原来，早期的铁路是由建电车的人所设计的，而 4.85 英尺正是电车所用的轮距标准。那么，电车的标准又是从哪里来的呢？最先造电车的人以前是造马车的，所以电车的标准是沿用马车的轮距标准。马车又为什么要用这个轮距标准呢？英国马路辙迹的宽度是 4.85 英尺，所以，如果马车用其他轮距，它的轮子很快会在英国的老路上撞坏。这些辙迹又是从何而来的呢？从古罗马人那里来的。因为整个欧洲，包括英国的长途老路都是由罗马人为它的军队所铺设的，而 4.85 英尺正是罗马战车的宽度。任何其他轮宽的战车在这些路上行驶的话，轮子的寿命都不会很长。可以再问，罗马人为什么以 4.85 英尺作为战车的轮距宽度呢？原因很简单，这是牵引一辆战车的两匹马屁股的宽度。故事到此还没有结束。美国航天飞机燃料箱的两旁有两个火箭推进器，因为这些推进器造好之后要用火车运送，路上又要通过一些隧道，而这些隧道的宽度只比火车轨道宽一点，因此火箭助推器的宽度是由铁轨的宽度所决定的。

所以，最后的结论是：由于路径依赖，美国航天飞机火箭助推器的宽度，竟然是由两千年前两匹马屁股的宽度决定的。

可见，习惯虽小，却影响深远。习惯对我们的生活有绝对的影响，因为它是一贯的，它在不知不觉中，经年累月影响着我们的品德、思维和行为方式，左右着我们的成败。

一旦我们养成了寻找借口的习惯，那么我们的上进心和创造力也就慢慢地烟消云散了。我们要拒绝借口，避免养成寻找借口的坏习惯，在工作中，更应该想办法去拒绝借口，而不是忙着找借口。

许多平庸者、失败者的悲哀，常常在于面对困境时缺乏足够的智慧和勇气，总是在借口的老路上越走越远。"生不逢时""不会处世""缺少资金"……归结一点：自己的拖延行为总是各种因素促成的。

事实上，困难永远都有，挫折也在所难免，关键是怎样对待。不断向别人学习，不断充实自己，不断总结经验教训，不断探索实践，这样才会有成功的机会。

如果你发现自己经常为了没做某些事而制造借口，或是想出千百个理由来为没能如期实现计划而辩解，那么现在正是该面对现实好好检讨的时候了。

你是否有"决策恐惧症"

有一种"决心型"的拖延者，他们没有办法下决心拿出自己的意见或决策，只好用拖延来回避。

决策恐惧意味着你害怕决定任何事情，也就是不管自己的婚姻、工作或是别的什么事情，总是因为父母、环境等影响，做出无奈的选择。而这背后，其实是自己的潜意识中不愿为自己的决策负责任。

安娜是公司新来的员工，她年轻、漂亮，对工作也比较认真负责，领导交代的任务，她都特别上心，对每一项任务她往往都会做出两种或两种以上的方案，拿到领导那里去请教。她会将每一种方案的优点、缺点进行分析，可就是从来不说自己认为哪种好，只等着领导做决定。

领导起初觉得这小姑娘还真不错，挺上进的。可后来，聪明的领导发现了一个问题：明明是交代安娜做策划案，可自己的工作量却比原来多了。自己要花上近 1 个小时来听她讲述所有方案，这时间，完全够他跟老客户谈笔生意了。安娜介绍完了之后，他也不能闲着，还得把几种方案在脑子里进行对比，以判断哪个更好？

随着时间的推移，领导终于忍不住了，说："安娜，你能不能给我一份直接可用的方案？我没时间看那么多。"第二天，领导在办公室一直没有看到安娜的方案，他想："有可能是安娜这次要完成的方案花费时间比较多。"他就没有理会。又过了一天，安娜的方案还没有送来，领导把安娜叫到办公室问："这么长时间了，我也没看到你的方案，做好了吗？"安娜很委屈："我想好了两套方案，但是不知道哪个方案会获得你的认可，所以一直还没有做……"

　　其实，安娜就是一个决策恐惧者。她每次做两种策划案，还要拿去跟领导探讨，是因为她怕自己贸然交上去一份，老板觉得不好，或者是被客户直接退了回来，她就得承担责任。如果是领导选的，就算客户不认同，那跟她也没多大关系，因为不是她做的决定。在她看来，拖延着不做决定，把决策权交给别人，责任就被转嫁到别人身上了。

　　的确如此，心理学家沃尔特·考夫曼早就说过："患有决策恐惧症的人，通常不会自己做决定，而是让别人替自己来决定。这样的话，他们就不用对后果负责了。"

　　患有决策恐惧症的人通常没有主心骨，凡事都不想出头，这样的人生势必没有了博弈的快乐。试想安娜的人生，她连一套方案都不敢决定，那么很可能也将失去主宰人生的能力。

　　对于决策恐惧症，其实在很多人的身上都有所体现，人们的内心经常会被这种"做还是不做"的想法所纠结。当你长期处于这样的环境，在面对任何事情的时候，也许都会变得犹豫不决，不能痛痛快快地去做某件事。纠结于做还是不做，你的内心根本没有自己的方向和目标，做事的时候就会喜欢拖拖拉拉地无限拖延。

　　不管我们是否承认，人的一生有太多需要自己决策的事情，哪怕我们再充满恐惧，哪怕我们再无从选择，也要做决策。别人可以给你指路，别人可以给你提供建议，可是最终下决定的是自己，所以，不要再拖下去了，大胆地为自己决策吧。

第七章

化压力为动力，压不死你的
只会让你更强大

不会与压力相处，就会陷入危机

　　现代生活中，事业和家庭的双重责任让很多人无法承受。诅咒压力、憎恶压力，在压力中消沉，甚至在压力中崩溃而选择一些极端的解决方式。

　　压力到底是一种什么样的东西，可以有如此大的摧毁力？压力来自方方面面，工作的繁重、生活中的各种琐事、情感纠葛、人际关系紧张都可能造成压力，让你感觉到一种"备战状态"，精神高度紧张。绝大多数社会人都面临着相似的境况，可以说，承受着压力是一个现代人的常态。但问题是，一些人似乎能够承受，而另一些人却被压力击垮。究其原因，外部压力的大小只是很小的一部分原因，更大的原因来自自我。

　　完全没有心理压力的情况是不存在的。如果你的生活失去了压力，那么空虚就会找上门来。无所事事，对生活失去兴趣的状态比高压状态更加不利于你的心理和生理健康。

　　压力是一种常态，但不会与压力相处的人就会打破这种状态，让自己的精神和身体陷入崩溃的边缘。如何与压力相处，关键是承受者的心态和耐力。所以，与其在压力来临时诅咒它，不如从自身做起，改观心态，增强承受力。更重要的是找到适合自己的放松方式，轻松化解压力。

你也可以试试这些化解压力的办法：

罗列出具体的压力源

你可以仔细思考自己到底有哪些压力，它是来自工作、生活、交际还是其他方面，把让你感到困难的事情仔细写出来。一旦写出来以后，你就会发现了解自己的具体所想就能化解掉一半的压力。

然后为这些事情排一个序，哪些是你必须马上要解决的，哪些是可以稍微放缓一下的。从重点开始一一击破。

自我心理暗示

通过积极地自我心理暗示，如告诉自己"这些都不算什么，我可以轻松解决"，或者训练思维游逛，如想象"蓝天白云下，我坐在平坦的草地上"，"我舒适地泡在浴缸里，听着优美的轻音乐"。这些积极的暗示都能在短时间内让你平复心情，获得一些轻松之感。

用运动来解压

适当的运动能够使人心情舒畅。人在运动时，身体能够得到舒展和放松，大口地呼吸新鲜的空气，心理上也会产生相应的畅快感，是一种不错的减压方式。

为压力寻找合理的解释

这个方法是在你明确压力来自什么方面以后采取的，目的是增强心理承受能力。比如说当你在繁重的工作中与同事产生纠纷，感觉到对方更增添了你的工作压力，这个时候你不妨想一想对方的处境，他可能最近面临着什么困境，所以情绪不稳定，因而在与你的合作中产生了摩擦。这样一想，你就会觉得心里平和多了。

寻求支持

当你觉得自己的心理压力过大，已经快超出承受范围的时候，可以适当地向亲戚、朋友、心理医生求助。倾诉可以缓解你的精神紧张，千万不要一个人硬撑。其实承认自己在一定时期软弱，然后通过外部有益的支持降低紧张、减弱不良的情绪反应是明智之举。

总而言之，压力是客观存在的。你不可能减掉所有的压力，但是把压力放在沙漏里，让它一点一点地囤积，又一点一点地漏下，你的生活就能找到平衡。

在压力面前奋起

毕业之后面临着就业压力，就业之后面临工作压力，其他还有诸如生活压力、竞争压力、恋爱压力，等等，如果你没有在压力面前奋起的勇气，那你只能在重重压力中陷入虚无。

张学友是香港著名歌星，很多人痴迷他的歌、喜欢他的电影、羡慕他的辉煌，可有几个人知道他艰辛的奋斗历程呢？不自卑，也不害怕挫折，这就是他的成功秘诀。

他的第一份工作是在政府贸易处当助理文员，工作十分乏味。不肯安于现状的性格使他不久跳槽到了一家航空公司，但工资比第一份还少。当时他也没有想过有一天会成为明星。踏入娱乐圈是偶然的，成功也来得太快，这使得他沉溺在成功带来的满足感和优越感之中，只知道尽情玩乐，逐渐变得放纵、狂傲、骄横，得罪了许多人。结果他的唱片销量直线下降，第一、二张唱片都卖了20万，第三张只卖了10万，接着是8万、2万。他走在街上，原来是"学友""学友"的欢呼变成了粗言秽语；站在舞台上，原来是鲜花热吻，现在是阵阵嘘声。开始，张学友接受不了这残酷的事实，没有去分析原因，而是去一味逃避：酗酒、骂人、闹事……家人朋友看得心痛，不断地劝慰，但他一概不听。

沮丧的日子持续了两三年，后来他开始自省，意欲东山再起，这是他骨子里不肯服输、敢于一拼的性格所决定的。如果天生懦弱，自杀恐怕是他最终的抉择。他知道要东山再起所必需的艰辛，但他决意一拼！他后来总结经验说："当你决定要面对挫折和困难时，原来并不是没有出路的！"他努力唱出自己的风格，努力拍戏，努力去研究失败的原因，努力学习处世方法，努力应对各种刁难和挫折……全力以赴，付出了不为圈外人所知的艰辛，辉煌逐渐又回到了他的身边。

他说，压力和挫折没有人可以避免，重要的是要有豁达、乐观、坚毅、忍耐的性格，要搞清楚自己的位置和方向，才能走过失败，重新振作。他说自己希望做一只蜗牛，蜗牛永远不会理会别人的催促，无视外来的压力，只是依着自己的步伐和所选择的方向，勇往直前，这必能成功。

压力和挫折时刻都会存在，有人说，人没有了压力生活就会没有了方向，就像没有了风，帆船不会前进一样。但你一定不能在压力中不思进取，要懂得在最困难的时候去寻找机会，只有这样，我们才能不被压力淹没。

以一颗平常心对待同学间的竞争

竞争无处不在，我们的学习中也充满了竞争，它就像是把双刃剑，用好了利人利己，可以大大促进自己的学习；用不好则会误人误己，不仅会阻碍自己的学习，还会影响到同学之间的感情。因此，对于竞争我们要有一个清醒的认识。

同学之间的良性竞争能激发学生强烈的成就感和进取心，促进学生顽强拼搏，同时也会给同学带来快乐，注入新的活力。

在一个班级里，学习成绩、文体比赛、劳动竞赛，甚至课余爱好，都会使同学之间产生竞争。但是，在学生的心目中，最普通也最"残酷"的还是学习成绩上的竞争，也就是在考试分数上比高下。如果是良性竞争，的确是一件很有益的事，但有些同学为了实现这一目标，使用的却是消极竞争的策略。比如，有的同学为了麻痹自己的竞争对手，就在班里故意不学习，装出一副很轻松的样子，但是回家后却加班加点"开夜车"；有的同学把学习上的竞争泛化到与同学的一般交往上，不仅在心理上嫉妒对方，而且还会表现出轻视对方的各种言行，甚至有时会在背后诋毁别人。这种消极竞争的做法，其实是一种心胸狭窄、不会学习的表现，是我们学习路上的"拦路虎"，它不仅使我们无法获得真正的友谊，而且也无法吸收、借鉴别人的长处，另外它还会影响我们的身心健康。

积极的竞争应是在一种友好的氛围中进行的，它能够实现自己和同学成绩的共同提高，而不是自己上去了，却把同学踩下来。因此，会学习的同学必须彻底抛弃这种狭隘的消极竞争，学会积极竞争。

在积极的竞争中，人们出于自尊需要和自我实现的需要要比平时更加强烈，克服困难的意志更加坚决，争取胜利的信念也更加坚定。当你和某一个同学成为学习上的竞争对手时，你的学习目标就会非常明确，课堂中的每一次提问，每一次作业的质量，每一次考试的成绩等，你们都会比一比，从而使你每天的学习目标都很明确，不敢使自己有任何松懈，潜能因此而得到了充分的发挥。

同学之间的竞争是不可避免的，那么，我们该怎么做才能既收到竞争的良好效果，又避免竞争可能带来的心理伤害呢？

借助竞争激发潜力

在竞争的条件下，人们的自尊需要和自我实现的需要更为强烈，对于竞争活动会产生更加浓厚的兴趣，克服困难的意志更加坚定，争取优胜的信念也更加强烈。我们要从主观上认识到这些，树立起一种积极的心态，为了取得竞赛的优势，全力以赴，充分发挥自己的能量与创造性。

找到适合于自己的目标

竞争的目标应该是有层次性的、多样化的，如果只盯住顶尖的位置，或者只在自己不擅长的方面与人争锋，势必经常遭受挫折和失败，易使人产生挫折感、失败感与自卑感。所以，我们应根据自己的实际情况，找到适合于自己的目标。这个目标不会唾手可得，需要我们付出努力，但又不是可望而不可即的。

学会与自己竞争

从前的你和现在的你肯定不一样，你的将来也不会和现在一样。因此要学会对自己做纵向比较，看自己哪些方面进步了，还能取得什么进步，这也是一种竞争。而且，这种竞争有助于你正确看待同学之间的竞争。

抱着合作的态度参与竞争

这才是真正的明智之举，不仅获得了竞争的动力，而且避免了对同学采取嫉妒、贬低和仇视的态度，有助于维护同学间的友爱关系及集体精神。

适时的心理调整

当竞争过频或过强，就容易产生紧张、忧虑、自卑等消极的情绪体验，不利于自己的身心健康。如果出现这样的情况，可以通过适当降低竞争目标、改变竞争对手、转移竞争取向等措施，及时地加以调整，以消除过分紧张的心理压力。

其实，合作与竞争是相辅相成的，只有把两者有机地结合起来，在"比、学、赶、帮、超"的氛围中，竞争双方的学习才能得到最大程度的提高。因此，具体到自己的学习中，一方面是努力超过对方，另一方面也要和同学友好相处，你有问题可以诚心地问他，他有问题来问你的时候，你也应该认真给予帮助，如果两人都不能解决，可以在一块儿共同研讨。

尽管如此，真正的竞争还是自己与自己的竞争，超越昨天的自己，才是真正的竞争取胜。

不惧怕来自顾客的压力

不要厌烦顾客的折磨，通过顾客的各种各样的折磨，你的业务能力会得到不同程度的提高，这会为你今后的成功奠定坚实的基础。

阿迪·达斯勒被公认为是现代体育工业的始祖，他凭着不断的创新精神和克服困难的勇气，终身致力于为运动员制造最好的产品，最终建立了与体育运动同步发展的庞大体育用品制造公司。

阿迪·达斯勒的父亲靠祖传的制鞋手艺来养活一家四口人，阿迪·达斯勒兄弟帮助父亲做一些零活。一个偶然的机会，一家店主将店房转让给了阿迪·达斯勒兄弟，并可以分期付款。

兄弟俩高兴之余，资金仍是个大问题，他们从父亲作坊搬来几台旧机器，又买来了一些旧的必要工具。这样，鲁道夫和阿迪正式挂出了"达斯勒制鞋厂"的牌子。

起初，他们以制作拖鞋为主。由于设备陈旧、规模太小，再加上兄弟俩刚刚开始从事制鞋行业，经验不足，款式上是模仿别人的老式样，销售并不好。

困境没有让两个年轻人却步，他们想方设法找出矛盾的根源所在，努力走出失败的困境。

聪明的阿迪逐渐意识到：那些成功企业家的秘诀在于牢牢抓住市场，而他们生产的款式已远远落后于当时的需求。

兄弟俩着手寻找自己的市场定位，经过市场调查，终于有了结果：他们应该立足于普通的消费者。因为普通大众大多数是体力劳动者，他们最需要的是既合脚又耐穿的鞋。阿迪是一个体育运动迷，他深信随着人们生活的提高，健康将越来越会成为人们的第一需要，而锻炼身体就离不开运动鞋。

定位已经明确，接下来就是设计生产的问题了。他们把自己的家也搬到了厂里。一个多月后，几种式样新颖、颜色独特的跑鞋面世了。

然而，新颖的跑鞋没有像兄弟俩想象得那样畅销。当阿迪兄弟俩带着新鞋上街推销时，人们首先对鞋的构造和样式大感新奇，争相一睹为快。可看过之后，真正购买的人很少，人们看着两个小伙子年轻、陌生的脸孔，带着满脸的不信任离开了。

兄弟俩四处奔波，向人们推荐自己精心制作的新款鞋，一连许多天，都没有卖出一双鞋。

阿迪兄弟本以为做过大量的市场调查之后生产出的鞋子，一定会畅销，然而无法解决的困难又一次让两个年轻人陷入绝境。

可阿迪·达斯勒的字典里没有"输"这个词，只有勇气陪伴着他，去闯过一个个难关。

在困难面前，阿迪兄弟没有消沉，没有退缩，而是迎着困难继续努力，在仔细分析当时的市场形势和自己工厂的现状后，终于找到了解决的办法。

兄弟俩商量后决定：把鞋子送往几个居民点，让用户们免费试穿，觉得满意后再向鞋厂付款。

一个星期过去了，用户们毫无音讯。两个星期过去了，还是没有消息。兄弟俩心中都有些焦躁，有一些坐不住了。

在耐心地等候中，又一个星期过去。一天，第一个试穿的顾客终于上门了。他非常满意地告诉阿迪兄弟俩，鞋子穿起来感觉好极了，价钱也很公道。在交了试穿的鞋钱之后，又定购了好几双同型号的鞋。

随后不久，其余的试穿客户也都陆续上门。一时之间，小小的厂房竟然人来人往，络绎不绝。鞋子的销路就此打开，小厂的影响也渐渐扩大了。

阿迪兄弟俩没有被种种困难所吓倒，面对资金不足、经验不足、信誉缺乏等困难，他们凭着自己的信心和勇气一一攻克，成功打下了坚实的基础。

不要抱怨顾客对你的折磨，因为，唯有这些折磨才能将你磨炼成美丽的天使。

降低自己的期望值，远离"过劳"的威胁

2006年5月28日，年仅25岁的华为员工胡新宇因过度劳累而死亡。一石激起千层浪，"过劳死"这个词开始频繁地出现在人们的生活中，也让很多人开始反思自己的生活，关注自己的身心健康。但是，紧张的工作、现实的压力，让很多人在担心、害怕一段时间后，又恢复了以往忙碌的生活，甚至比以前更忙。于是，"过劳"继续侵蚀着人们的健康，并且变本加厉。

在医学上，"过劳死"属于慢性疲劳综合征，是超负荷工作导致的过度劳累所诱发的未老先衰、猝然死亡的生命现象。日本"过劳死"预防协会认为，一旦有下述表现，你可能已经身陷"过劳"之中：

1.过早地挺起"将军肚"。30～50岁就大腹便便，出现高血脂、高血压等。

2.脱发乃至早秃。每次洗澡都会掉许多头发，提示压力大，精神紧张。

3.性能力下降。人到中年，男子阳痿或性欲减退，女子过早闭经，都是健康衰退的第一信号。

4.记忆力减退，甚至忘记熟人的名字。

5.精力很难集中。

6.睡着的时间越来越短，睡醒仍感疲乏。

7.头痛、耳鸣、目眩。

焦虑心理学：不畏惧、不逃避，和压力做朋友

8.经常后悔，情绪易波动，易怒、烦躁、悲观，且难以控制。

9.经常爱上厕所，小便频繁，尤其是面临突发事件时。

现在社会上受到"过劳死"威胁的主要是记者、企业家和科研人员。

据调查，目前新闻工作者中有79%死于40～60岁，平均死亡年龄45.7岁。此外，中科院的调查显示，科研人员的平均死亡年龄在52.23岁，15.6%死于35～54岁。而一项对中国3539位企业家的调查显示，90%表示工作压力大，76%认为工作状态紧张，25%患有与紧张有关的疾病，而上海、北京、广州三地的企业高管慢性疲劳综合征罹患率最高。

在效率就是生命的大时代中，人们以"工作奴隶"的形象出现在职场，为了成绩、为了加薪，为了保住工作岗位，每个人都在拼命。

诸多生活压力，让男人们每天十几个小时在外，三五个小时在床，成为名副其实的工作机器。而诸多就业歧视与潜在的失业危机迫使女人忙得不像女人。我们干着工作，加着班，劳碌之外很少能想到生活本来的颜色。

其实，面对死亡的最大意义在于启示，不论你是老板还是打工者，为了我们自己和身边的每个人都能像正常人一样生活，从现在开始，让生活的脚步慢下来吧！培养一种淡泊自足的心态，不要太执着于名利、物质，太执着于一些外在的虚无，而应多关注一下自我，多关注一些周围的美丽风景，这样你的生活才会轻松。

涉世之初，不妨沉下心来做"蘑菇"

有一个有趣的"蘑菇定律"，是形容年轻人或者初学者的。意思是这样的：刚入职场的人处境很像蘑菇，被置于阴暗的角落，他们或者被放在不受重视的部门，或做着打杂跑腿的工作。

相信很多人都有做"蘑菇"的经历。这不是坏事，做上一段时间的蘑菇，承受住了工作中的压力，我们的浮躁和不切实际就会消失，从而让自己变得更加现实。

工作无分贵贱，但是态度却有尊卑，任何一份工作都包含着成长的机遇，任何一份工作都有可以学习的东西。一个成功者不会错过任何一个学习的机会，即使是在店里扫地的时候，他也会观察老板是怎样和客人们打交道的，他们总是在观察、学习、总结。也正是这种蛰伏的智慧，使得很多人在经历"蘑菇"岁月后脱颖而出，成为同辈中的佼佼者。

小刘刚进公司的时候，公司正提倡"博士下乡，下到生产一线去实习、去锻炼"。实习结束后，领导安排他从事电磁元件的工作。堂堂的电力电子专业博士理应做一些大项目，不想却坐了冷板凳，小刘实在有些想不通。

想法归想法，工作还要进行。就在小刘接手电磁元件的工作之后不久，公司出现电源产品不稳定的现象，结果造成许多系统瘫痪，给客户和公司造成了巨大损失，受此影响公司丢失了5000

万以上的订单。在这种严峻的形势下，研发部领导把解决该电磁元件问题故障的重任交给了刚进公司不到三个月的小刘。

在工程部领导和同事的支持与帮助下，小刘经过多次反复实验，逐渐理清了设计思路。又经过 60 天的日夜奋战，小刘硬是把电磁元件这块硬骨头啃下来了，使该电磁元件的市场故障率从18% 降为零，而且每年节约成本 110 万元。现在，公司所有的电源系统都采用这种电磁元件。

这之后，小刘又在基层实践中主动、自觉地优化设计和改进了主变压器，使每个变压器的成本由原来的 750 元降为 350 元，每年为公司节约成本 250 万元，并对公司的产品战略决策提供了依据。

这件事对小刘的触动特别大，他不无感慨地说道："貌似渺小的电磁元件，大家没有去重视，我这样'气吞山河'的'英雄'在其面前也屡次受挫、饱受煎熬，坐了两个月冷板凳之后，才将这件小事搞透。现在看起来，之所以出现故障，不就是因为绕线太细、匝数太多了吗？把绕线加粗、匝数减少不就行了？而我们往往一开始就只想干大事，而看不起小事，结果是小事不愿干，大事也干不好，最后只能是大家在这些小事面前束手无策、慌了手脚。当年苏联的载人航天飞机在太空爆炸，不就是因为将一行程序里的一个小数点错写成逗号而造成的吗？电磁元件虽小，里面却有大学问。更为重要的是它是我们电源产品的核心部件，其作用举足轻重，非得要潜下心、冷静下来，否则不能将貌似小小的电磁元件弄透、搞明白。做大事，必先从小事做起，先坐冷板凳，否则，在我们成长与发展的道路上就要做夹生饭。现在看来，当初领导让我做小事、坐冷板凳是对的，而自己又能够坚持下来也是对的。有许多研究学术的、搞创作的，吃亏在耐不住寂寞，总是怕别人忘记了他。由于耐不住寂寞，就不能深入地做学问，不能勤学苦练。他不知道耐得住寂寞，才能不寂寞。耐不住寂寞，偏偏寂寞。"

小刘的这段话适合于各行各业和各类人员，凡想获得成功的人，都应该沉住气。先学会耐得住"蘑菇"时期的寂寞，先学会坐冷板凳，先学会做小事，然后才能做大事，才能取得更大的业绩。

职场永远不会有一步登天的事情发生，不管你的能力有多强，你都必须沉住气，从最基础的工作做起。研究成功人士的经历就会发现：他们并不是一开始就"高人一等"、风光十足的，他们也曾有过艰难曲折的"爬行"经历，然而他们却能够端正心态、沉下心来，不妄自菲薄，不怨天尤人。他们能够忍受"低微卑贱"的经历，并在低微中养精蓄锐、奋发图强，尔后他们才攀上人生的巅峰，享受世人的尊崇。试想，若不是当年的"低人一等"，哪里会有后来的"高人一筹"呢？

因此，对于大多数人来说，刚参加工作时必须消除不现实的幻想，我们应该认识到，没有任何工作是卑微并且不需要辛勤努力的。年轻人应该磨去棱角，适应社会，不断充电，提升能力，要知道，无论多么优秀的人才，步入社会时都只能从最简单的事情做起。一个人，只有放下架子，沉得住气，打牢根基，才能在日后有所作为。

有所背负，反而能够走得更远

老子说，"重为轻根，静为躁君，是以君子，终日行不离辎重，虽有荣观，燕处超然。奈何万乘之主，而以身轻天下，轻则失根，躁则失君。"这句话的意思是，厚重是轻率的根本，静定是躁动的主宰。因此君子终日行走，不离开满载行李的车辆，虽然有美食胜景吸引着他，却能安然处之，因其有备无患，所以行走自如，泰然自若。无奈的是大国君主却以轻率躁动治天下，须知轻率就会失去根本，急躁就会丧失主导。

"重为轻根"的"重"字，可以作为厚重沉静的意义来解释，重是轻的根源，静是躁的主宰。"圣人终日行而不离辎重"，并非简单指旅途之中一定要有所承重，而是要学习大地负重载物的精神。大地负载，生生不已，终日运行不息而毫无怨言，也不向万物索取任何代价。生而为人，应效法大地，拥有为众生挑负起一切苦难的心愿，不可一日失去负重致远的责任心。

有人说，世界上只有两种动物能到达金字塔顶。一种是老鹰，还有一种就是蜗牛。

志在圣贤的人们，不是老鹰反而是那蜗牛，始终戒慎畏惧，有所承载，内心随时随地存在着济世救人的责任感，而沉重的责任感正是他不躁进、不畏惧的保护壳，可以游刃有余地做到功在天下、万民载德，继而得到荣光无限的美誉。

有两个空布袋想要站起来，便一同去请教上帝。上帝对它们说，要想站起来，有两种方法，一种是得自己肚里有东西；另一种是让别人看上你，一手把你提起来。于是，一个空布袋选择了第一种方法，高高兴兴地往袋里装东西，等袋里的东西快装满时，袋子稳稳当当地站了起来。另一个空布袋想，往袋里装东西，多辛苦，还不如等人把自己提起来，于是它舒舒服服地躺了下来，等着有人看上它。它等啊等啊，终于有一个人在它身边停了下来。那人弯了一下腰，用手把空布袋提起来。空布袋兴奋极了，心想，我终于可以轻轻松松地站起来了。那人见布袋里什么东西也没有，便一手把它扔了。

道家的哲学，便是看透了"重为轻根，静为躁君"和"祸兮福之所倚，福兮祸之所伏"这种自然正反博弈演变的法则，所以才提出"虽有荣观，燕处超然"的告诫。

虽然处在"荣观"之中，仍然恬淡虚无，不改本来的素朴；虽然燕然安处在荣华富贵之中，依然超然物外，不以功名富贵而累其心。唯大英雄能本色，是真名士自风流。因为大英雄是最本色的，行为上往往不是出人意表，而是再自然不过，就好像一个绝顶聪明的人外表非常笨拙一样。保持平凡质朴，还原真实本色，才是真正的大人物。然而能够到此境界的人却非常少，大多数人总以草芥轻身而失天下。

第八章

不为往事纠结，不为未来忧心

不再为过去的失败纠结

很多人在失去的时候会痛惜不已，原因是怕再也找不到比失去的更好的东西了，比如说爱情。

事实上，无论是对于爱情还是对于其他东西，我们的感情并没有我们想象得那么脆弱。一件东西丢失了，起初会伤心、痛心，但随着时间的推移，这件东西在我们的视线中会慢慢地模糊，甚至有一天想不起它的样子。所以，在失去的时候，不要将自己浸泡在自己所设置的伤感、悲痛氛围中，因为这样的表现并不能挽回什么。

如果只是留恋那个不适合你的人而错过了真正属于你的人，那就更得不偿失了。

在人的一生中，最害怕的不是失去什么，而是在失去之后，丧失了对未来的希望。所以，对于我们来说，在失去之后，要相信：与其为过去的失败纠结，不如为新的成功探险。要相信下一个人会更好，下一次机会会更好。

曾经拿过多项国内外奖项的中国队选手桑兰，在 1998 年第四届美国友好运动会上，因试跳时不慎从空中跌落，导致第六根和第七根脊梁骨错位，胸部以下失去知觉。在遭受如此重大的变故后，桑兰却表现出难得的坚毅。她的主治医生说："桑兰表现得非常勇敢，她从未抱怨什么，对她我能找到的词就是'勇气'。"就算是知道自己再也站不起来之后，她也绝不后悔练体操，她说："我对自己有信心，我永远不会放弃希望。"

之后，桑兰加盟了星空卫视，成为《桑兰 2008》节目的主持人，并且在众多媒体上开设了她的体育评述专栏。

虽然已经无法在赛场上奋斗，但是桑兰说："我会在主持人的岗位上继续为我喜爱的运动事业作贡献。虽然我没有经验，还有身体的原因，但是我一定能面对的，我正在充实自己，学习文化。我可以做得很好的。"

虽然不能再回到赛场上，但是桑兰的生活也一样很精彩。美国前总统克林顿、卡特和里根都曾给桑兰写过信，赞扬她的勇气。

桑兰相信未来，相信自己，相信在下一次的尝试中自己会做得更好，她赢得了许多人的尊敬。

我们渴望收获，渴望得到，但是人生并不是一个只有收获的过程。在人生中，少不了的是失去。有些机会失去了，就不要再后悔。世界上没有卖后悔药的，不管你多么后悔，失去的也不会回来。何况，一味地后悔只能让你生活变得越来越糟。

法国著名的作家蒙田曾经说过："如果允许我再过一次人生，我愿意重复我现在的生活。因为，我一向不后悔自己的过去，不惧怕自己的未来。"一个人如果经常后悔自己的过去，那他就没有更多的精力去关注现在，现在抓不牢，等到现在逝去了，他们又开始后悔。就这样，他们只能永远生活在后悔的恶性循环里。

为什么要这样折磨自己呢？一次的失去并不代表永远失去。失之东隅，收之桑榆，或许你这次失去的根本就是不合适的，下一次出现的才是正确的，才是最好的。

既然我们有勇气让自己继续走下去，为什么没有勇气让自己相信下一次才是最好的呢？

那些不能看开的不如遗忘

学习比较难还是遗忘比较难？大部分人在一开始都会回答是学习比较难，忘却比较容易。

美国有一位著名的经济学家说："世界上最难的事不是让人们接受新思想，而是使他们忘却旧观念！"

不知你有没有这样的经验，当你去劝说某人的时候，某人总是抱着一个旧观念不放，怎么也听不进你给他讲的新观念。

"Forget it！"的意思是："忘记它！"如果把这个单词拆分一下就变成了"For get it！"——"忘记它是为了得到它！"

迪伊·霍克是维萨信用卡网络公司的创办人。在1997年7月的美国《优秀企业》杂志上，迪伊·霍克和几个精英人物共同提出：目前企业所面临的问题不是学习而是忘却！就好比一个电脑，如果你对它内在的程序、内在的文件资料统统都不满意，而电脑的空间已经满了，你准备怎么做呢？是不是要先删除旧的程序、旧的文件？然后才能够再装入新的程序、新的文件。所以，问题永远不在如何使头脑里产生崭新的、创造性的思想，而在于如何从头脑里淘汰旧观念。旧的观念不除去，新的观念很难根植发芽。

著名的管理学大师彼得·杜拉克曾说道："创新起始于舍弃，它不在实施新措施，而在于舍弃的是什么。"所以请你就在此刻写下你最需要舍弃的三件事项，在上面画上一个大大的"×"，并且大喝一声：Forget it！要知道：旧的不去，新的不来。主动舍去那些经常困扰着你、对你没有任何用处的烦恼或无用的知识，让你的思想和有用的知识占据你的心灵吧。

忘却有时是件好事，有些事情记得太清楚，反而让大家日子都难过，偶尔神经粗一点，自己不必受苦，也不让别人受苦。

忘掉背后带来的是释放，一个常常回头看的人，就没有机会向前看，当我们辛苦拖着一箩筐的愤怒或不谅解时，如何能努力向前奔呢？

把一些不能看开的痛苦当成垃圾丢掉吧！当你愿意把那些根深蒂固、盘根错节的记忆一一放掉时，你将会经历轻松和得胜。因为痛苦的重担放下了，所以你会轻松；因为你不再被仇恨所辖制了，所以你会得胜。

不为往事悔恨，不为未来担忧

生活里，在实际事物上所利用的时间，我们称之为钟表时间。但是在实际事物被解决或者尚未解决的时候，我们容易产生一种心理时间，即对过去的深切怀念和对未来过度的憧憬。然而不管心理时间定格在过去还是未来，都不利于我们对现在的把握。因为昨天只是一种记忆，随着时间的推移，这种记忆会逐渐被淡忘；明天还是一种虚幻，只会增加莫名的痛苦。

人的一生最有害的两种情绪莫过于为往事而悔恨、为未来的事情而担忧。如果你真的被这两种情绪所左右，那你就是生活在乌托邦之中。它不会帮你改变过去与未来，却会使你陷入惰性与悲观的泥潭，失去现在。

我们的身体和心灵都生活在现在，也只能为现在而存在，为什么要去一遍又一遍地回顾往事、忧虑未来呢？实际上，过去的事情不论值得流连还是悔恨，那只是毫无意义的心理反应，"过去"已经过去了，已经不存在了，而未来尚未到来，也是不存在的。人生就像爬山登高，爬在中途的时候，不必往下看，也不要过多地往上看。因为你不大可能看到顶峰，不大可能看得很远、很清楚，何必要为看不清楚的未来费神费力，分散注意力呢？

有一个国王，常为过去的错误而悔恨，为将来的前途而担忧，

焦虑心理学：不畏惧、不逃避，和压力做朋友

整日郁郁寡欢，于是他派大臣四处寻找一个快乐的人，并把这个快乐的人带回王宫。这位大臣四处寻找了好几年，终于有一天，当他走进一个贫穷的村落时，听到一个快乐的人在放声歌唱。寻着歌声，他找到了正在田间犁地的农夫。

大臣问农夫："你快乐吗？"农夫回答："我没有一天不快乐。"

大臣喜出望外地把自己的使命和意图告诉了农夫。农夫不禁大笑起来，他又说道："我曾因为没有鞋子而沮丧，直到我有一天在街上遇到了一个没脚的人。"

快乐是什么？快乐就是珍惜你现在拥有的一切。快乐就是如此简单。

有人为低工资而懊恼、忧郁，猛然发现邻居大嫂已经下岗失业，于是马上又暗暗庆幸自己还有一份工作可以做，虽然工资低一些，但起码没有下岗失业，心情转眼就好了起来。每个人总是看重自己的痛苦，而对别人的痛苦往往忽略不计。当自己痛苦不堪的时候，要是能够换一个角度来思考，痛苦的程度就会大大减弱。人生最可悲的事情不是不知该怎样抉择，而是当你手中牢牢抓住许多东西时，你却不懂得去珍惜。

从前有一个流浪汉，不知进取，每天只知道手上拿着一个碗向人乞讨度日，最后终于有一天，人们发现他潦倒而死。他死后，只剩下了他天天向人要饭的碗，有人看到了这个碗，觉得有些特别，带回了家里仔细研究才发现，原来流浪汉用来向人乞讨的碗，竟是价值连城的古董。

人往往只为了寻求自己手中没有的东西，而忽略了已经属于自己的财富。我们应该多注意自己手中所捧的那只碗，不要总是眼高手低，一味地羡慕别人，而忘了自己本身原有的价值。

当然，也有将心理时间定格在未来的人，他们主张为将来牺牲现在。采取这种态度生活，那就意味着没有现在，只有未来，不仅要避免目前的享受，而且要永远回避幸福。因为他们所指望的将来的那一天一旦到来，也就成为那时的现在；而在那时的现在又要为那时的将来做准备。如此明日复明日，今天为将来，幸福岂不是永远可望而不可即吗？

当然，寄希望于未来，如果作为学习和工作上的奋斗目标，期望生活改善，事业有成，这并不错。人应该生活在希望中，以此来促使自己从消沉的情绪中解脱出来，但其实质仍是为了抓住现在的时光去做脚踏实地的努力，而不是回避现实去空想未来多么美好。当那一天真的到来时，却往往是平淡无奇的，不如想象得那么美好。激动一时之后，又会面临新的矛盾和难题。这种把未来理想化的想法是脱离实际的幻想。

由此可见，不论是过去还是未来，都不是我们人生的主旋律。我们只有摆脱心理时间，才能更好地把握人生。

焦虑心理学：不畏惧、不逃避，和压力做朋友

宿命只是弱者安慰自己的借口

当遭受了挫折或磨难时，消极的人们往往会发出"命该如此"的感叹，这就是宿命论的表现。事实上，这不过是他们不愿面对现实，逃避问题的一个借口。

宿命是人们一种安于命运的思想，认为一个人的命运在出世之前已由上天注定，人只能服从上天的安排，不能违抗。

相信宿命的人们常常以弱者自居，他们认为自己是"不幸"的人，他们因为这一观念的负面影响而变得消极，可以说，宿命论会无情地打击个人奋斗的信心。

在很多人心中，宿命论的影子非常之浓厚，比如"生死有命，富贵在天"的说法，这就给那些逃避现实的人们一个安慰的借口、退缩的理由。他们宁愿相信有某种奇特的力量超乎他们的掌握，也不愿努力奋斗改变现状。

事实上，宿命只不过是弱者安慰自己的一个借口。很多人之所以相信宿命的说法，是因为他们走不出自己设置的心理枷锁。而一旦突破了这道枷锁，也许可以看到许多别样的人生风景，甚至可以创造新的奇迹。

华龙集团的创办人卢俊雄 10 岁时便开始瞒着家人，带着 10 元钱独闯武汉。正因为他挑战命运的意志，最终改写了他的人生。

1980 年，借父亲给的三本邮票，卢俊雄参加了在广州文化公园举行的全国首届邮票展销会。但他并不满足于此，他用卖报攒下的钱在火车站、邮票公司等处炒起了邮票，迈出了创业第一步。

读初二时，他成立了广州第一个自发性的中学生社团："省实"集邮社。他帮爱集邮的学生代买各种邮票，从中赚取"劳务费"。后来，他将自己对集邮的感受写成文章，寄给杂志社，竟获刊登。一些邮票商竟纷纷来函寄钱，托他购买邮票。

卢俊雄也开始进入"国际市场"。念大二时，卢俊雄做了另一次跋涉：给深圳大学的一个勤工俭学者批发贺卡。他以高价卖出了批发商最便宜的积压品。10天不到他就赚了3000多元。

卢俊雄通过《集邮杂志》和邮票公司搜集了全国2000多个集邮爱好者的姓名、地址，用卖贺卡赚的3000多元钱办了份双面8开铅印的《南华邮报》免费寄给这些人。到1989年，《南华邮报》已发行5万份，拥有5万个客户。1991年2～8月，由于股市整顿，邮票市场非常兴旺，邮票上涨了5倍，卢俊雄大获其利。

搞了两年的邮票生意，卢俊雄又开始在市中心旧房子上打主意。在刚刚兴起的房地产业，卢俊雄抓住了历史性的机遇。他生意兴隆，财源广进，再一次取得了成功。

在不断前进探索的过程中，卢俊雄一步步地迈向了成功，难道说上天就单单青睐于卢俊雄吗？他这一路上走来，每一步成功都是上天的垂爱吗？当然不是，这一切都是靠他自己的努力。

生活中，弱者往往消极等待，而强者却主动出击，寻求机遇。人生难免有失意的时候，面对失意，强者以一颗自强不息的心不断进取，弱者就是面对一张薄纸，也不愿伸手戳破。其实，有时候，我们只要换个位置，换个角度，换个思路，就能摆脱宿命的"安排"。

打破惯性思维，不做经验的奴隶

日常生活中，我们要处理事情或者是解决问题时，一般都会按照自己的方式，这种方式一旦被反复运用，就形成了思维定式。思维定式有时对常规思维是有利的，它可使思考者在处理同类问题的时候少走弯路。然而，思维定式也有它的弊端，特别是当我们处理一些新情况的时候，思维定式就会阻碍我们用新观念、新方法、新思路去创造性地解决问题，使人失去创新和发展的源泉和动力。

生活中，很多人都会或多或少受惯性思维的影响。一个人如果习惯了惯性思维模式，那么他的创新思维就会遇到障碍。

曾经有一个科学家做了这样一个实验：他把50名愿意参与实验的志愿者带到一个房间，房间里放着五颜六色的各种物体。科学家要求试验者只是盯着蓝色的物体看50秒，然后让他们闭上眼睛。这时，科学家提了一个问题：大家刚才看到了多少个红色的物体？多少个黑色的物体？多少个绿色的物体？这下，所有的试验对象都呆住了，哑口无言，回答不出来。

这些参与试验的人们之所以答不出科学家的问题，就是因为思维惯性在起作用。因为他们最初看到的是蓝色物体，思维里就形成关注蓝色物体的定势，而不再专注其他颜色的东西。由此看来，有时候复杂的不是问题本身，而是我们思考问题的方式。

很多时候，人们在考虑问题的同时，把自己生平所有积累的经验和知识不自觉地就加了进去。殊不知，这不只是一个人的思维惯性，更是一个沉重的思想包袱。我们要想摆脱这个思维负担，就必须要改变自己的思维方式。

人是惯性的动物，抗拒改变是自然反应，也是必然的过程。并不是每一个人都能立即一心一意地接受改变，接受新事物就意味着放弃旧有的东西，意味着改变旧有的生活模式。但是人类天生是拒绝改变的，所以抗拒改变成了人的本能。

一个人很可能因为习惯了，或害怕失败，或者是反对任何新的尝试，甚至是只想保持眼前舒适顺畅的生活而毫不思变。有时候，他们以"大家都是这样做的""我做这一行以来，从没听说过这种事"等理由来告诫自己，可事实上，一旦自我设限，只会墨守既有规则，有趣的新组合以及打破规则的创新就永无出头的机会。不管怎样，抗拒改变的心态只会牵绊你前进的脚步。

如果将一只青蛙放到80度的热水中，它会马上跳起来直到逃出热水来拯救自己，但是如果将这只青蛙放到一锅冷水中，青蛙是不会跳跃的，因为这是它喜欢的环境。当我们慢慢给锅加热的时候，就会发现这只青蛙很可能最终被烫死在锅里。因为水温

焦虑心理学：不畏惧、不逃避，和压力做朋友

变化太慢，青蛙感觉不到，等到它感觉到必须离开的时候，它已经丧失了生理的机能。

自然界里最后能生存下来的物种，并不是那些最强壮的物种，也不是那些最聪明的物种，而是那些最能适应环境变化的物种。人类也是如此，我们要学会从不同的角度去考虑问题，从而找出解决困境的最佳方式，摆脱思维惯性给我们带来的负面影响。

恩格斯说："地球上最美的花朵是思维着的精神。"我们生活在地球上，一切事物时刻都在运动着、变化着，根本就没有绝对静止的东西，更没有一成不变的东西。如果一个人要想准确认识这个世界，就不能用老眼光和习惯的思维方式来看待和理解它。我们只有学会突破旧的观念和想法，用创新发展的眼光看问题，用与时俱进的理念来处理问题，只有如此，我们才能抓住问题的关键点，才能达到意想不到的效果，让自己尽快成功。

把心重新放到起点上

归零的心态就是一切从头再来，就像大海一样把自己放在最低点，吸纳百川。归零的心态就是空灵、谦虚的心态，它并不是一味地否定过去，而是要怀着否定或者说放下过去的一种态度，去接纳新事物，追求更多的收获。有句话说：谦虚是人类最大的成就。谦虚让你得到尊重。越饱满的麦穗越弯腰。不要自以为是，虚心使人进步，骄傲使人落后。

有一个故事，讲的是知了学飞。它看见大雁在空中自由自在地飞翔，十分羡慕，就请大雁教它飞翔，大雁高兴地答应了。

但学习是一件很辛苦的事。大雁给它讲怎样飞，它听了几句，就不耐烦地说："知了！知了！"大雁让它多试着飞一飞，它只飞了几次，就自满地嚷道："知了！知了！"秋天到了，大雁要到南方去了，知了虽然很想和大雁一起远行，可是，它扑腾着翅膀，怎么也飞不高。

望着大雁在云霄之上高飞，知了十分懊悔自己当初太自满，没有努力练习。可为时已晚，它只好叹息道："迟了！迟了！"

在现实生活中，有多少人像知了一样自以为是，结果在最后只有感叹"迟了"。自满者总是认为自己能力很高，不能虚下心弯下腰，这样的故步自封，只会让自己走向退步。

古时候一个佛学造诣很深的修行者，听说某个寺庙里有位德高望重的老禅师，便去拜访。老禅师的徒弟接待他时，他态度傲慢，心想："我是佛学造诣很深的人，你算老几？"后来老禅师十分恭敬地接待了他，并为他沏茶。可在倒水时，明明杯子已经满了，老禅师还不停地倒。他不解地问："大师，为什么杯子已经满了，还要往里倒？"禅师说："是啊，既然已满了，干吗还倒呢？"禅师的意思是，既然你已经很有学问了，为什么还要到我这里求教？

老禅师无疑是个智者，他看出修行者过于自满，未必能从自己这里学到真东西。我们每个人都一样，若太过骄傲，就无法虚心向别人学习。

很多人都这样认为：自己学过的东西是不会消失的，只要保有它们，就不愁吃不到饭。但在不断进步的社会中，不刷新你的知识，是很容易贬值的，人们常说"谦虚使人进步"，谦就是一种礼貌，一种礼节上的心态，虚就是一种空杯心态，把自己归零去学习。

一个已经装满了水的杯子是难以再装别的东西的，人心也是如此。

人们生来本站在同一起跑线上，可为什么最终达到的高度不同？有的功成名就，有的却一事无成？主要在于，前者总是"留一些空杯子"虚心接纳，而后者却自我满足，自以为是，最终自己淘汰了自己。

人生旅行，就是汲取各种养分、滋养生命的过程。如果我们带着太多的自满上路，就像那个装满水的杯子，再也容不得半点水进入，这将是人生最大的悲哀。在人生的旅途中，每一个即将上路或已在路上的年轻人，一定要牢记，不论什么时候，都要给自己留一些"空杯子"，虚心求教。学无止境，心有空余，才能装物。

不要抓住错误不放

当刘翔从北京奥运会赛场上退下来的时候，他说，下一次我一定会做得很好；当程菲因为一个动作而出现失误的时候，她说，下一次我会吸取教训。尽管因为没有注意到自己的伤而导致不能坚持到最后，但是刘翔没有一直活在悔恨之中，而是鼓足了勇气面对未来的路；尽管练习了多次的动作没能发挥到最好，但是程菲也没有抓住自己过去所犯的错误不放，而是在总结了经验之后，期待另一次精彩的绽放。

可是，在生活中，有太多的人喜欢抓住自己的错误不放：没能抓住发展的机遇，就一直怨恨自己不具慧眼；因为粗心而算错了数据，就一直抱怨自己没长大脑；做错了事情伤害到了别人，会为没有及时道歉而自责很久……

人生一世，花开一季，谁都想让此生了无遗憾，谁都想让自己所做的每一件事都永远正确，从而达到预期的目标。可这只能是一种美好的幻想。人不可能不做错事，不可能不走弯路。做了错事，走了弯路之后，有谴责自己的情绪是很正常的，这是一种自我反省，是自我解剖与改正的前奏曲，正因为有了这种"积极的谴责"，我们才会在以后的人生之路上走得更好、更稳。但是，如果你纠缠住"后悔"不放，或羞愧万分，一蹶不振；或自惭形秽，自暴自弃，那么你的这种做法就是愚人之举了。

焦虑心理学：不畏惧、不逃避，和压力做朋友

卓根·朱达是哥本哈根大学的学生。有一年暑假，他去当导游，因为他总是高高兴兴地做了许多额外的服务，因此几个芝加哥来的游客就邀请他去美国观光。旅行路线包括在前往芝加哥的途中，到华盛顿特区做一天的游览。

卓根抵达华盛顿以后就住进威乐饭店，他在那里的账单已经预付过了。他这时真是乐不可支，外套口袋里放着飞往芝加哥的机票，裤袋里则装着护照和钱。所有的一切都很顺利，然而，这个青年突然遇到晴天霹雳。

当他准备就寝时，才发现由于自己的粗心大意，放在口袋里的皮夹不翼而飞。他立刻跑到柜台那里。

"我们会尽量想办法。"经理说。

第二天早上，仍然找不到，卓根的零用钱连两块钱都不到。因为一时的粗心马虎，让自己孤零零一个人待在异国他乡，应该怎么办呢？他越想越生气，越想越懊恼。

这样折腾了一夜之后，他突然对自己说："不行，我不能再这样一直沉浸在悔恨当中了，我要好好看看华盛顿，说不定我以后没有机会再来，但是现在仍有宝贵的一天待在这个国家里。好在今天晚上还有机票到芝加哥去，一定有时间解决护照和钱的问题。"

"我跟以前的我还是同一个人，那时我很快乐，现在也应该快乐呀。我不能因为自己犯了一点错误就在这白白地浪费时间，现在正是享受的好时候。"

于是他立刻动身，徒步参观了白宫和国会山，并且参观了几座大博物馆，还爬到华盛顿纪念馆的顶端。他去不成原先想去的阿灵顿和许多别的地方，但他能看到的，他都看得更仔细。

等他回到丹麦以后，这趟美国之旅最使他怀念的却是在华盛顿漫步的那一天——因为如果他一直抓住过去的错误不放，那么这宝贵的一天就会白白溜走。

放下过去的错误，向前看，才能有更多的收获。我们一生当中会犯很多错误，如果每一次都抓住错误不放，那么我们的人生恐怕只能在懊悔中度过。很多事情，既然已经没有办法挽回，就没有必要再去惋惜悔恨了。与其在痛苦中挣扎浪费时间，还不如重新找一个目标，再一次奋发努力。

怀旧情绪适可而止

淑娟是某校一位普通的学生，她曾经沉浸在考入重点大学的喜悦中，但好景不长，大一开学才两个月，她已经对自己失去了信心，连续两次与同学闹别扭，功课也不能令她满意，她对自己失望透了。

她自认为是一个坚强的女孩，很少有被吓倒的时候，但她没想到大学开学才两个月，自己就对大学四年的生活失去了信心。

焦虑心理学：不畏惧、不逃避、和压力做朋友她曾经安慰过自己，也无数次试着让自己抱以希望，但换来的却只是一次又一次的失望。

以前在中学时，几乎所有老师跟她的关系都很好，很喜欢她，她的学习状态也很好，学什么会什么，身边还有一群朋友，那时她感觉自己像个明星似的。但是进入大学后，一切都变了，人与人的隔阂是那样的明显，自己的学习成绩又如此糟糕。现在的她很无助，她常常想："我并未比别人少付出，并未比别人少努力，为什么别人能做到的，我却不能呢？"

进入一个新的学校，新生往往会不自觉地与以前相对比，而当困难和挫折发生时，产生"怀旧心理"更是一种普遍的心理状态。淑娟在新学校中缺少安全感，不管是与人相处方面，还是自尊、自信方面，这使她长期处于一种怀旧、留恋过去的心理状态，如果不去正视目前的困境，就会更加难以适应新的生活环境、建立新的自信。

不能尽快适应新环境，就会导致过分的怀旧。一些人在人际交往中只能做到"不忘老朋友"，但难以做到"结识新朋友"，个人的交际圈也大大缩小。此类过分的怀旧行为将阻碍着你去适应新的环境，使你很难与时代同步。回忆是属于过去的岁月的，一个人应该不断进步。我们要试着走出过去的回忆，不管它是悲还是喜，不能让回忆干扰我们今天的生活。

一个人适当怀旧是正常的，也是必要的，但是因为怀旧而否认现在和将来，就会陷入病态。

不要总是表现出对现状很不满意的样子，更不要因此过于沉溺在对过去的追忆中。当你不厌其烦地重复述说往事，述说着过去如何如何时，你可能忽略了今天正在经历的体验。把过多的时间放在追忆上，会影响你现在的正常生活。

我们需要做的，是尽情地享受现在。过去的东西再美好抑或再悲伤，那毕竟已经因为岁月的流逝而沉淀。如果你总是因为昨天错过今天，那么在不远的将来，你又会回忆着今天的错过。在这样的恶性循环中，你永远是一个迟到的人。

隆萨乐尔曾经说过："不是时间流逝，而是我们流逝。"不是吗？在已逝的岁月里，我们毫无抗拒地让生命在时间里一点一滴地流逝，却做出了分秒必争的滑稽模样。

说穿了，回到从前也只能是一次心灵的谎言，是对现在的一种不负责的敷衍。史威福说："没有人活在现在，大家都活着为其他时间做准备。"所谓"活在现在"，就是指活在今天，今天应该好好地生活。这其实并不是一件很难的事，我们都可以轻易做到。

第九章

斩断焦虑思维，打破自我折磨的
死循环

改变了思维，就改变了与世界互动的方式

快乐总是自找的，它需要一颗善于发现的心。

美国的一位牧师正在家里准备第二天的布道。他的小儿子在屋里吵闹不止，令人不得安宁。牧师从一本杂志上撕下一页世界地图，然后撕成碎片，丢在地上说："孩子，如果你能将这张地图拼好，我就给你一元钱。"

牧师以为这件事会使儿子花费一上午的时间，但是没过 10 分钟，儿子就敲响了他的房门。牧师惊愕地看到，儿子手中捧着已经拼好了的世界地图。

"你是怎样拼好的？"牧师问道。

"这很容易，"孩子说，"在地图的另一面有一个人的照片。我先把这个人的照片拼到一起，再把它翻过来。我想，如果这个人是正确的，那么，世界地图也就是正确的。"

牧师微笑着给了儿子一元钱，说："你已经替我准备好了明天的布道，如果一个人是正确的，他的世界就是正确的。"

我们可以想象出这个孩子认真拼图的情形，那是一副多么安静的景象，似乎一切都静止了，全为这个认真的孩子。

一个心存快乐的人不会因为尘世间各种纷扰而破坏那份对美

好事物的憧憬，他总会发现世界的种种可爱之处，在每一个早晨，都让自己的心灵滚动着露珠。

一个快乐的人善于装饰自身，也爱自己的家庭，他将生命的每一个时刻都看作是一种享受，认真地品读一本自己喜欢的书，亲自为家人做他们爱吃的炸酱面，这个过程不是痛苦的承受，而是一种美滋滋的享受。

快乐的人不会在还没有办事情的时候就想到一大堆的困难，而是兴奋地、努力地去做好它，想到成功时的喜悦就信心大增。

快乐，简单而朴实，有时候自行车的车轮声也是美妙的歌曲。快乐不是某个人所专有的，而是在于这个人的心态简单，充满着美好的愿望。

生活中很多事情是无法改变的，能改变的只是自己的思维模式，因为思维方式不同，一个人的心态就不同，那么，思考结果就不同。即使是同样一件事情在不同人的身上也有着截然不同的反应，有的人会一直愁眉不展，有的人依然和往常一样积极进取。

快乐不在于一个人拥有了多少，而在于一个人能够承受多少，在于一个人能够拥有多大的胸襟，我们在抱怨自己的衣服不够多的时候，抱怨自己不够有钱的时候，可否想到那些甚至还洗不上澡的人们，那些还穿不上衣服的人们？可当我们面带怜意地看着他们的时候，却发现他们并没有我们想的那样愁眉不展，他们依旧天天脸上挂着微笑，很淳朴很自然地对你微笑，这就是一个富有而不快乐的人与一个贫困却快乐的人的差别。

人之所以不快乐，是因为常常会把精力全集中在对生活的不满之处，而我们更应该做的是把注意力集中在开心的事情上，这样就可以更多地感受到生命中美好的一面，对生活心存感激。

快乐是紧紧地抓住现在，让昨天所有的阴霾烟消云散，只留下理性的经验教训做今天快乐的基石；把明天的杞人之忧挡在门外，只让幸福的憧憬走进落地之窗，让自己尽情享受当下的人生。

快乐似一杯清茶那么清香，似一点星光那么宁静，似一抹朝霞那么绚烂。做一个快乐的人就要有对负面消息进行过滤的能力，不要让它们在自己的大脑中存在很长的时间，这些负面的消息可能在一段时间内影响一个人的情绪。

不管遇到什么事情，快乐的人总会换一个角度去思考问题，一个人改变了思维，就等于改变了与世界互动的模式。因为改变了思维，所以，一个人能轻松地处理问题，而不是整天活在恐惧或者沮丧之中。

把负变正其实并不太难

人生中的遭遇肯定有负有正，你需要做的就是把负的变为正的，只要你转换一下念头，你就会发现，把负变为正其实并不太难。伟大的心理学家阿佛瑞德·安德尔说，人类最奇妙的特点之一就是"拥有把负变为正的力量"。

　　加拿大第一位连任两届的总理让·克雷蒂安曾因疾病导致左脸局部麻痹，嘴角畸形，讲话时嘴巴总是向一边歪，而且还有一只耳朵失聪。

　　听一位有名的医学专家说，嘴里含着小石子讲话可以矫正口吃，克雷蒂安就整日在嘴里含着一块小石子练习讲话，以致嘴巴和舌头都被石子磨烂了。母亲看后心疼地直流眼泪，她抱着儿子说："克雷蒂安，不要练了，妈妈会一辈子陪着你。"克雷蒂安一边替妈妈擦着眼泪，一边坚强地说："妈妈，听说每一只漂亮的蝴蝶，都是自己冲破束缚它的茧之后才变成的。我一定要讲好话，做一只漂亮的蝴蝶。"

　　功夫不负有心人，经过长久的磨炼，克雷蒂安终于能够流利地讲话了。他勤奋并善良，中学毕业时他不仅取得了优异的成绩，而且还获得了极好的人缘。

　　1993 年 10 月，克雷蒂安参加全国总理大选时，他的对手大力攻击、嘲笑他的脸部缺陷，对手曾极不道德、带有人格侮辱地说："你们要这样的人来当你的总理吗？"对手的这种恶意攻击却招致大部分选民的愤怒和谴责。当人们知道克雷蒂安的成长经历后，都给予他极大的同情和尊敬。在竞争演说中，克雷蒂安诚恳地对选民说："我要带领国家和人民成为一只美丽的蝴蝶。"最后他以极高的票数当选为加拿大总理，并在 1997 年成功地获得连任，被加拿大人民亲切地称为"蝴蝶总理"。

换一种思维方式，把不幸当作机遇，就可以获得不幸给予你的馈赠，你就能变负为正，在做事情时找到峰回路转的契机，同时赢得一片新的天地。

已故的西尔斯公司董事长亚当斯·罗克尔说："如果有个柠檬，食之味微苦，但如果必须吃，我们可以做成鲜美的柠檬汁。"在这里，亚当斯·罗克尔强调的就是有些困难或者挫折既然不可避免而且摆脱不掉，我们不妨换一种思维，换一种方式，把负的影响变成正的能量。

现实中，我们每个人都不能避免遭遇挫折和痛苦，既然不能避免，我们不妨换一种思维，怀着"甜柠檬"心理接受生命给我们的一切。只要我们自信、自爱而不自负，积极地面对生活，相信生活绝不会将我们永远挡在幸福之门的外面。

段云球，许多人为他百折不挠的坚强意志所震动，并称他为中国版保尔。

在他的著作《当身体还剩下四分之一时》里，我们看到：当他2岁时，父母离异，母亲带着他来到了黑龙江鹤岗市。在他7岁那年，火车残酷地夺去了他的双腿和右手，整个身体只剩下1/4，被送到医院时，医生表态说，这孩子抢救过来的希望十分渺茫，就算活过来了，今后怎样过日子啊。经过医生们的奋力抢救，死神松开了那无情的双手，从此，他开始了那1/4的生活。

面对如此残酷的打击，段云球并没有动摇对生命的执念，车祸虽然无情地夺走了他的肢体，却永远也夺不走他面对生活的勇气和信念。没有双腿，凳子成了他行走的必备工具；没有右手，他用左手处理生活中的一切，吃饭、穿衣。然而，厄运并没有就此离去，四年级时他被迫退学，但是顽强的他通过自学，完成了从小学到中学的全部课程，不断地充实自己，不断地鼓励自己，完全凭着意志和信念生活。然而，时间是不会停下脚步的，父母逐渐老去，他也渐渐地长大了，为了生计，他必须要自己挣钱。他开始通过写作挣钱，并照顾自己年迈的母亲。他在 5 个月内，写出了一部长达 20 万字的自传体小说《当身体还剩下四分之一时》，引起了全社会的广泛关注，张海迪曾给他题词：愿你更加顽强勇敢，锻造更加坚韧的生命品质！

英国政治家威伯福斯厌恶自己的矮小，但是，他却为英国废除奴隶制度做出了决定性的贡献。著名作家博斯韦尔在听他演讲后对人说："我看他站在台上真是个小不点儿。但是我听他演说，他越说似乎人越大，到后来竟成了巨人。"弥尔顿眼睛看不见世界，却可以用美好的诗篇来描绘世界；贝多芬耳朵失聪，却谱出振奋人心的曲子；海伦·凯勒从小就失去了听力和视力，却通过自己的努力在文坛上留下了不朽的篇章。他们的人生筹码有太多被注为"负"，但他们凭借顽强的精神和不屈的意志，在人生的蓝图上书写了大大的"正"字。

学会归零思考，不做回忆的奴隶

昨天的总要在今天归零，人不能总是活在过去，当下才是最美的风景。面对过去，我们要勇敢地放下。特别是面对过去的一些痛苦，我们更要勇于放下。要记得，人生是往前走，只有不断地卸下身上的包袱，我们才能走得更远。

一老一少两个和尚出门化斋，经过一条湍急的河流，见一年轻女子踌躇不前，便问其原因。女子答道："小女子过不了大河，还望两位大师相助。"

小和尚看了眼年长的和尚，露出为难之色，当他正想开口说点什么的时候，老和尚已经背起了年轻女子向河中走去。没多久，老和尚已经将女子背过了河去。等女子缓缓走远后，小和尚也上了岸。

老和尚看到小和尚一脸凝重，秋风朗朗，额头却冒着汗，便笑道："那个女子已经走远了，你怎么还想着刚才的事情？"小和尚涨红着脸，不知说些什么才好。老和尚准备去河边洗把脸，将手中的钵让小和尚拿一会儿，当小和尚接过这个褐色的钵时，突然惊叫一声，老和尚转身问道："怎么了？"小和尚羞红着脸不敢出声。原来刚才拿到那个钵的时候，小和尚的手颤抖了一下，差点将钵打碎。

人已走远，事已过去，于是老和尚的心思重回化缘，而小和

焦虑心理学：不畏惧、不逃避，和压力做朋友

尚却久久不忘刚才老和尚背女子过河一事，以至在替老和尚拿钵的时候不能专心。

很多时候，我们无法超越自己，无法从痛苦忧伤的情绪中摆脱出来，所以过去的不能遗忘，现在的不能牢记，往事压心头，百折千回。就好像刚刚学会走路的小孩，两条腿总习惯于往后倒，结果很长时间不能向前迈开一步。

事实上，对于过去发生的事情，我们已无能为力。至于未来，它还没有发生，我们对于它的一切不过是想象。只有此刻，才是最真实的，也只有抓住此刻，才是最幸福的。

曾任英国首相的劳合·乔治有一个习惯——随手关上身后的门。有一天，乔治和朋友在院子里散步，他们每经过一扇门，乔治总是随手把门关上。"你为什么每次都要关上这些门呢？"朋友很是纳闷。

"这对我来说是很必要的。"乔治微笑着说，"我这一生都在关我身后的门。你知道，这是必须做的事。关上身后的门，也就意味着将过去的一切都关在了门外，不管是美好的成就，还是不太美妙的回忆，然后，你又可以重新开始。"

"我这一生都在关我身后的门！"多么经典的一句话！漫步人生，我们难免会经历一些风吹雨打，心中多少要留下一些心痛的回忆。我们需要总结昨天的失误，但不能对过去的失误和不愉快耿耿于怀，伤感也罢，悔恨也罢，都不能改变过去，不能使你更聪明、更完美。如果一个人总是背着沉重的怀旧包袱，为逝去的流年感伤不已，那只会白白耗费眼前的大好时光，也就等于放弃了现在和未来。所以，抛开过去，就在今天全部归零，我们才能整装待发，快乐出行。

我们每一个人都有过去，都存在自己的过失。如果有了过失能够决心去修正，即使不能完全改正，只要继续不断地努力下去，也就可以问心无愧。徒有感伤而不从事切实的补救工作，那是最要不得的。

我们应当吸取过去的经验教训，但绝不能总在过去的阴影下活着。面对错误或者是失败，我们要做的就是及时把情绪垃圾归零，然后迅速行动起来，用积极的心态代替消极的思维，用正确的行动去佐证错误的行动。

我们不能抛弃回忆，但也不能做回忆的奴隶。让我们在心灵的一个小角落里，藏起曾经的喜怒哀愁、酸甜苦辣，然后，把更广阔的心灵空间留给现在，留给将来。

简单的生命会更美好

一天，爱因斯坦在纽约的街道上遇见一位朋友。

"爱因斯坦先生，"这位朋友说，"你似乎有必要添置一件新大衣了。瞧，你身上这件多旧啊。"

"这有什么关系？反正在纽约谁也不认识我。"爱因斯坦无所谓地说。

几年后，他们又偶然相遇。这时，爱因斯坦已经誉满天下，却还穿着那件旧大衣。

他的朋友又建议他去买一件新大衣。

"这又何必呢？"爱因斯坦说，"反正这儿每个人都已经认识我了。"

居里夫妇虽然都是知名物理学家，但他们结婚时，家具却异常简单。在他们的会客室里，只摆着一张简单的餐桌和两把椅子。后来，居里的父亲来信对他们说，他准备送给他们一套家具，问他们需要什么样的家具。看完信后，居里若有所思地说："有了沙发和软椅，就需要人去打扫，在这方面花费时间未免太可惜了。"居里对新婚妻子说："不要沙发可以，我们只有两把椅子，再添一把怎么样？客人来了也可以坐坐。""要是爱闲谈的客人坐下来，又怎么办呢？"居里夫人提出她的担忧，居里想想也是。于是，一心工作的夫妇俩最终决定谢绝父亲的好意，不添置任何家具。

两个故事虽然发生在不同的人身上，但它们所折射出来的智慧却是差不多的，即选择简单，只关注对自己来说最重要的事情，更容易获得成功。试想，如果爱因斯坦脑子里总装着诸如该穿什么大衣、该给别人留下什么印象之类的事情，那他就可能与相对论无缘；如果居里夫妇迷恋于奢华的生活，那也许不可能发现镭。

其实，成功即是简单，简单即是成功。

观察那些成功人士，或是天性使然，或是智慧使然，他们都选择了简单。他们只关注生命和事业中最本质的东西，把精力和时间都用在了刀刃上。生活中他们不事奢华，工作中他们务实高效，因此他们获得了成功。而在取得了地位、财富、荣誉之后，他们依然简单，所有外在的一切并没有腐蚀他们生命的本质。他们在给人类带来了新的发明、发现的同时，也为自己收获了荣誉、财富，收获了别人难以企及的成功。

或许我们现在与这些成功人物还有距离，但至少我们可以做到选择简单，让简单来帮助我们走向成功。

逆向思考，掌握以反求正的生存智慧

大家都知道，人类的思维具有方向性，存在着正向与反向的差异。正向思维是人们最常用的方式，从问题推导结果。但有时这样并不能解决问题，这时就要使用逆向思维。

所谓逆向思维方法，就是指人们为达到一定目标，从相反的角度来思考问题，或是从问题想要得出的结果推导必须获得的条件，从中引导出解决问题的方法。

很多时候，对问题只从一个角度去想，很可能进入死胡同，因为事实也许存在完全相反的可能。这时，需要探寻逆向可能。

焦虑心理学：不畏惧、不逃避，和压力做朋友

一位老妇人在一所幼儿园附近买了一栋住宅，打算在那里安度晚年。有几个小朋友，经常课间休息的时候用脚踢房屋周围的垃圾桶。附近的居民深受其害，对他们的恶作剧多次阻止，结果都无济于事。时间长了，只好听之任之。这位老妇人也很苦恼，她根本受不了这种噪音，决定想办法让他们停止。

有一天，当这几个小朋友又在狠踢垃圾桶的时候，老妇人来到他们面前，对他们说："我特别喜欢听垃圾桶发出来的声音，所以，你们能不能帮我一个忙？如果你们每天都来踢这些垃圾桶，我将天天给你们每人 10 元钱的报酬。"

小朋友很高兴地同意了，于是他们更加使劲地踢垃圾桶。

过了几天，这位老妇人愁容满面地找到他们，说："通货膨胀减少了我的收入，从现在起，我恐怕只能给你们每人 5 元钱了。"

这几个小朋友有点不满意，但还是接受了老妇人的条件，每天下午继续踢垃圾桶，可是没有从前那么卖力了。几天以后，老妇人又来找他们。"瞧！"她说，"我最近没有收到养老金支票，所以每天只能给你们 1 元钱了，请你们千万谅解。"

"1 元钱？"一个小朋友大叫道，"你以为我们会为了区区 1 元钱浪费时间？不成，我们不干了！"从此以后，老妇人和邻居都过上了安静的日子。

该怎样让这些淘气小朋友停止踢垃圾桶，不再制造噪音呢？是冲出去将这些人训斥一顿，还是苦口婆心教育他们这样已经妨碍了他人的休息？恐怕这些人们通常所想到的办法都没什么效果，强制性的命令只会让他们变本加厉。

但是老妇人却出人意料地想出了一个好点子，从制止他们踢垃圾桶，到给钱让他们踢垃圾桶再逐渐减少给他们的钱，让他们从主动愿意踢到没有钱就不乐意踢，这真是一个使用逆向法的典范。老妇人轻易地解决了这个难题，获得了自己想要的宁静。

逆向思维是一种创造性的思维方式，它能将不利条件变为有利条件，将缺点变为潜在动力，出其不意地使自己从劣势变为优势。具备逆向思维能力和突破传统观念的勇气，这样才能在常人认为不可能的事情中抓住机会，获得发展。

学会正面思考，就会有幸福的人生

你想成为什么样的人，你就能成为那样的人。你的头脑创造了你的地狱，也创造了你的天堂。关键在于你朝哪一个方向移动，这一切都是你自己的选择。你所拥有的人生最大的权力就是选择的权力。

有一个著名的寓言：一个人在旅行时偶然进入了天堂。天堂里长着一种能满足心中愿望的树，只要坐在树底下，所想得到的东西就会立刻被实现。那个旅人已经很疲倦了，所以他睡在那棵树下。当他醒来的时候，就立刻出现了不知从何而来的、飘浮在空中的各种美食。因为他已经很饿，马上吃了起来，当他吃饱了，心里很满足，另外一个想法从他内部升起：如果能有一些饮料的话更好，于是名贵的酒出现在他眼前。喝下了那些酒，他开始怀疑：这到底是怎么回事呢？我是不是在做梦或者是一些鬼在作弄我？接着，就有一些鬼出现了，他们很凶猛、很可怕，令人恶心，所以他开始颤抖，然后，有一个想法从他心里升起：我一定会被杀掉……最后，他果然被杀掉了。

我们常说：外在发生的一切，其实是反应我们内在心灵世界的一面镜子。如果我们的内在世界发生了改变，变得更丰盛，那么，外在世界的一切也就会变得丰盛起来。内心的反应其实就是一种思维模式，正面思维有利于我们处理任何事情时都以积极、主动、乐观的态度去思考和行动，促使事物朝有利于自己的方向转化。它使人在逆境中更加坚强，在顺境中脱颖而出，变不利为有利，从优秀到卓越。

人生很多的失败，往往是因为思维方式变成负值，这类负面的思维方式如果不改正，不管你有多少财富，你都不可能有幸福的人生。要度过幸福的人生，要把工作做到最好、事业做到最大，就无论如何必须具备正确的、正面的思维方式。

为了改变一个乞丐的命运，上帝化作一个老人前来点化他。

上帝问乞丐："假如我给你 1000 元钱，你如何用它？"乞丐马上回答说拿到钱马上买个手机。上帝很纳闷，问为什么。乞丐说："我可以用手机同城市的各个地区联系，哪里人多，我就可以到哪里去乞讨。"

听了乞丐的回答，上帝很失望，但他没有死心，而是继续问道："那么，如果给你 10 万元钱，你想做什么？"乞丐这回更高兴了，他说："那我可以买一部车，这样我以后出去乞讨就方便多了，再远的地方也可以很快赶到。"

上帝这次狠了狠心，说："给你 1000 万元钱呢？"乞丐听罢，眼里闪着光亮说："太好了，我可以把这个城市最繁华的地区全买来。"上帝听完很高兴，以为这个乞丐突然间开窍了，没想到乞丐说了这么一句："到那时，我就把我领地里的其他乞丐全部撵走，不让他们抢我的饭碗。"上帝无奈地走了。

故事中的乞丐，面对机遇，始终改变不了一个乞丐的思维，他想到的只是如何更好地为行乞创造条件，却没有想过抓住这个机遇，通过自己的努力来改变命运。这注定他无法改变行乞的命运。

思维的正与负是人生成与败的分水岭。有了正面思维，负面思维就没有了立足之地。正面思维是负面思维的天敌，克制负面思维，用正面思维来置换负面思维，是事业成功和自我实现的唯一途径。

人生和事业的成功需要保持正确的思维方式，充满热情，提升能力，持有正面的思维方式显得极其重要，因为有了正面的思维方式，才会有幸福的人生。

从目标思考，找到努力的方向

在我们身边，有很多人努力地工作和生活，但到头来却一无所获，自己却疲惫不堪。为什么？其中一个很重要的原因是很多人根本就没有选对努力的方向，也就是说他们一直在做无用功。

"没有比漫无目的地徘徊更令人无法忍受了。"这是荷马史诗《奥德赛》中的一句至理名言。的确，对于任何人来说，方向都是最重要的。一个人如果没有明确的奋斗方向，那么，他的生活就会漫无目的；如果一个人的方向是错的，那他的生活同样也会是糟糕一团。不管是没有方向还是方向错误，这样的人注定会有一个失败的人生。

有一位文学青年，高考落榜之后便夜以继日地搞起诗歌创作来。他一篇篇地投稿，又一篇篇地被退回。他一气之下跑到新疆去发掘灵感，可是跑遍了所有的地方也没有人愿意收留他。他万念俱灰，饿了五天五夜，步履艰难地回到家里，因为无脸见人服了毒药，被抢救过来之后不但受到亲人们的责怪，父母亲还发誓以后再不认他。他沉痛地说："一个不幸的人选择了文学，而文学又给了我更多的不幸。"

这位青年不能说他没有目标和远大的理想，甚至他还有坚持不懈锲而不舍的毅力，但为什么落到了这般田地？我们在为这位文学青年感到惋惜的同时，也得到了一个启示：一个人要想成功，努力固然重要，但是更重要的则是选择正确的方向。因此，我们必须要时时检视自己的前进方向是否正确，一旦发现自己偏离了方向，就应该勇敢地放弃，因为只有敢于放弃错的，我们才能拨正正确的指针。

成功需要坚持，但在发现自己撞到南墙的时候，我们就应该拐弯。或许有人说，我们要做到勇敢放弃并不容易，但是我们可以先从小事来训练自己，比如看一本书的时候尝试停一下，想想自己是否在浪费时间和精力，还要不要继续看下去？有了这样的尝试，我们便可以保证沿着正确的方向前进。

一粒种子的方向是冲出土壤，寻找阳光；而一条根的方向是伸向土层，汲取更多的水分。人生亦如此，正确的方向让我们事半功倍，而错误的方向会让我们误入歧途。那么，我们在生活中，怎样做才能找准自己的方向呢？

首先，要对自己有一个全面的了解。认清自己的优缺点，然后根据自己的实际能力确立目标和方向。也就是说我们确立人生的方向是建立在对自身彻底清楚的基础上，而不是空想。

其次，一个人的目标和方向并不是固定的。并不是说你确定了自己的奋斗方向之后就不能更改了，相反，我们要在实际的工作中不断修正自己的方向。必须要随时检查自己的方向是否有偏差，及时地发现存在的问题，及时纠正偏差，寻找解决的办法，督促并鞭策自己走好下一步。

再次，我们一旦确认自己的方向错了，最好的办法就是停止。

焦虑心理学：不畏惧、不逃避，和压力做朋友

因为已经确定了自己的方向是错的，即使前进也不会到达目的地，何必再做无用功？与其白白浪费时间和精力，还不如充分利用这些时间去寻找正确的方向，去努力。这样我们成功的机会才会增大。

成功的人之所以能实现生命的梦想，关键是他们在生命起程的那一刻就找准了前行的方向，尽管在前行的道路上，会遇到各种各样难以预料的挫折与磨难，但是有了方向的引领，再大的风雨也阻挡不了他们前行的勇气。

多角度思考，不必一条路走到黑

变通是一种智慧，在善于变通的世界里，不存在"困难"这样的字眼。再顽固的荆棘，也会因变通的方法拔地而起。

10多年前，他在一家电气公司当业务员。当时公司最大的问题是如何讨账。产品不错，销路也不错，但产品销出去后，总是无法及时收到款。

有一位客户，买了公司20万元产品，但总是以各种理由迟迟不肯付款，公司派了三批人去讨账，都没能拿到货款。当时他刚到公司上班不久，就和另外一位姓张的员工一起被派去讨账。他们软磨硬泡，想尽了办法。最后，客户终于同意给钱，叫他们过两天来拿。

两天后他们赶去，对方给了一张 20 万元的现金支票。

他们高高兴兴地拿着支票到银行取钱，结果却被告知，账上只有 199900 元。很明显，对方又耍了个花招，他们给的是一张无法兑现的支票。第二天就要放春节假了，如果不及时拿到钱，不知又要拖延多久。

遇到这种情况，一般人可能一筹莫展了。但是他突然灵机一动，于是拿出 100 元钱，让同去的小张存到客户公司的账户里去。这一来，账户里就有了 20 万元。他立即将支票兑了现。

当他带着这 20 万元回到公司时，董事长对他大加赞赏。之后，他在公司不断发展，5 年之后当上了公司的副总经理，后来又当上了总经理。

因为智慧，一个看似难以解决的问题迎刃而解了，因为变通，他获得了不凡的业绩，并得到公司的重用。可以说，变通就是一种智慧。

生活中，学会变通，懂得思考才会有"柳暗花明又一村"的惊喜。事实也一再证明，看似极其困难的事情，只要我们用心去寻找方法，必定会有所突破。

在 20 世纪 60 年代中期，杜德拉在委内瑞拉的首都拥有一家很小的玻璃制造公司。可是，他并不满足于干这个行当。他学过石油工程，他认为石油是个赚大钱和更能施展自己才干的行业，他一心想跻身于石油界。

有一天，他从朋友那里得到一则信息，说是阿根廷打算从国际市场上采购价值2000万美元的丁烷气。得此信息，他充满了希望，认为跻身于石油界的良机已到，于是立即前往阿根廷活动，想争取到这笔合同。

　　去后，他才知道早已有英国石油公司和壳牌石油公司两个老牌大企业在频繁活动了。这是两家十分难以对付的竞争对手，更何况自己对经营石油业并不熟悉，资本也并不雄厚，要成交这笔生意难度很大。但他并没有就此罢休，他决定采取变通的迂回战术。

　　一天，他从一个朋友处了解到阿根廷的牛肉过剩，急于找门路出口外销。他灵机一动，感到幸运之神到来了，这等于给他提供了同英国石油公司及壳牌公司同等竞争的机会，对此他充满了必胜的信心。

　　他旋即去找阿根廷政府。当时他虽然还没有掌握丁烷气，但他确信自己能够弄到，他对阿根廷政府说："如果你们向我买2000万美元的丁烷气，我便买你2000万美元的牛肉。"当时，阿根廷政府想赶紧把牛肉推销出去，便把购买丁烷气的投标给了杜德拉，他终于战胜了两个强大的竞争对手。

　　投标争取到后，他立即筹办丁烷气。他随即飞往西班牙。当时西班牙有一家大船厂，由于缺少订货而濒临倒闭。西班牙政府对这家船厂的命运十分关切，想挽救这家船厂。

　　这一则消息对杜德拉来说又是一个好机会。他便去找西班牙政府商谈，杜德拉说："假如你们向我买 2000 万美元的牛肉，我便向你们的船厂订制一艘价值 2000 万美元的超级油轮。"西班牙政府官员对此求之不得，当即拍板成交，马上通过西班牙驻阿根廷使馆，与阿根廷政府联络，请阿根廷政府将杜德拉所订购的 2000 万美元的牛肉直接运到西班牙来。

杜德拉把 2000 万美元的牛肉转销出去之后，继续寻找丁烷气。他到了美国费城，找到太阳石油公司，他对太阳石油公司说："如果你们能出 2000 万美元租用我这条油轮，我就向你们购买 2000 万美元的丁烷气。"太阳石油公司接受了杜德拉的建议。从此，他便打进了石油业，实现了跻身于石油界的愿望。经过苦心经营，他终于成为委内瑞拉石油界的巨子。

杜德拉是具有大智慧、大胆魄的商业奇才。这样的人能够在困境中变通地寻找方法，创造机会，将难题转化为有利的条件，创造更多可以脱颖而出的资源。美国一位著名的商业人士在总结自己的成功经验时说，他的成功就在于他善于变通，他能根据不同的困难，采取不同的方法，最终克服困难。

世上的事常常是风云突变，叫人难以把握。我们很难知道未来是什么样子，很难知道明天我们将面临什么困难，也就经常陷入进退两难的困境。为了在困境中作出明智的决策，为了在生活中过得顺心，我们就要懂得应变的学问，要根据实际情况合理安排。只有做到了以变应变，才能让自己有更大的发展。

第十章

从焦虑到淡定，做内心强大的自己

无论身在何处，每天都追寻积极情绪

困难是错综复杂的，如何运用积极的心态应对困难就显得尤为重要。不论身在何处，面对多大的挑战和困难，当我们在准备迎战时，都应积极向上，这是迎接困难的首要态度。

综合分析人生遇到的挫折与困难，不外乎这三种情况：第一，个人问题，如经济问题、健康问题等；第二，家庭问题，如婚姻；第三，事业工作问题。

当我们在意图解决上述遇到的问题时，应首先努力地做好以下 3 件事情：

用愚己的精神告诉自己"这没什么大不了"。

询问长辈的意见，寻找正确解决问题的方法。

善于思考，以图找到根本的原因。

或许泛泛而谈，很多人不能理解积极心态的重要性，那么和大家分享一个积极心态者的故事，你可以深刻地了解到积极心态如何帮助人们走出困境，如何运用积极的心态解决难题从而取得最后的胜利。

华德从小家境贫寒。在小学的时候就靠卖报纸和擦皮鞋来贴补家用，稍长一些，他成为阿拉斯加一艘货船的船员。高中毕业以后他离开家庭，成为流动工人。他热爱赌博，和一群"生活的边缘人"——逃犯、走私犯、盗窃犯等混在一起。华德在赌博的生活中时而赢得大把钞票，时而输得分文不剩，最后终因走私麻药物品而被逮捕判刑。这一年华德34岁。

然而，如此糟糕的华德却因为抛弃了消极的心态，开始每天积极地面对生活，从此改变了自己的一生。内心深处的某个声音一直在告诉他：你不能再这样下去了，改变自己的行为吧，成为这所监狱中最好的囚犯。积极的心态使得华德重新掌握了自己的命运。

他开始在狱中寻找可以使自己过得更快乐的方法。他发现书中有他想要的答案。他孜孜不倦地在书中寻找快乐，直至他73岁去世，都没离开这些书本朋友。

在狱中积极的生活使得华德受益良多。良好的服刑态度，友善的为人让周围的人对其改变了看法。在懂得电学的囚犯的帮助下，华德掌握了电学相关的知识；得当的举止言谈让他在狱中获得了一份不错的工作，他成了监狱电力厂的主管；在狱中对布朗比基罗公司经理比基罗亲切的态度，为自己出狱谋得了安身立命的地方。华德在出狱以后得到了比基罗的帮助，积极生活的他两个月内成了工头，一年后成了主管，最后成了副会长和总经理。

华德在积极心态的帮助下获得了自己人生的幸福。试想如果他没有入狱，继续和边缘的人鬼混在一起，继续用消极的态度面对生活，也许就不会有他最终的辉煌。

这个故事除了告诉大家要学会用积极的心态面对生活，改变人生外，更重要的是人不能用消极的心态去生活。悲观消极的情绪是具有传染性的，你善待生活，生活也会善待你。华德在狱中学会了用积极的心态去解决问题，最终生活善待了他，让他成了一个有益社会的成功人士。

乐观的心态给恶性循环刹车

作家焦桐说："生命不宜有太多的阴影、太多的压抑，最好能常常邀请阳光进来，偶尔也释放真性情。"一个阳光的人，总是能够在生活中自由自在地挥洒，勇于选择和承担生活的责任，不受尘世的约束却又深情细致；在任性与认真之间，不管是守着边缘或主流的位置，他都能在漂泊移动的生活中体悟人生。

真正的智者，总是会站在有光的地方。太阳很亮的时候，生命就在阳光下奔跑。当太阳落下，还会有那一轮高挂的明月。当月亮落下了，还有满天闪烁的星星，如果星星也落下了，那就为自己点一盏心灯吧。无论何时，只要乐观的心态还在，我们就能给生活中的恶性循环刹车。

紫霄的父母重男轻女，对女儿非常刻薄。母亲甚至会对她说："我看见你就来气，你给我滚，又有河又有老鼠药又有绳子，有志气你就去死。"13岁的小姑娘没有哭，在她幼小的心灵里，萌生了强烈的愿望——她一定要活下去，并且还要活出一个人样来！

被母亲赶出家门，好心的奶奶用两条万字糕和一把眼泪，把她送到一片净土——尼姑庵。紫霄满怀感激地送别奶奶后，心里波翻浪涌，难道我的生命就只能耗在这没有生气的尼姑庵吗？在尼姑庵，法名"静月"的紫霄得了胃病，但她从不叫痛，甚至在她不愿去化缘而被老尼姑惩罚时，她也不皱眉不哭。叛逆的个性正在潜滋暗长。在一个淅淅沥沥的清晨，她揣上奶奶用鸡蛋换来的干粮和卖棺材得来的路费，踏上了西去的列车。几天后，她到了新疆，见到了久违的表哥和姑妈。在新疆，她重返课堂，度过了幸福的半年时光。在姑妈的建议下，她回安徽老家办户口迁移手续。回到老家，她发现再也回不了新疆了，父母要她顶替父亲去厂里上班。

她拿起了电焊枪，那年她才15岁。她没有向命运低头，因为她的心中还有梦。紫霄业余苦读，通过了自学考试。第二年参加高考，她考取了安徽省中医学院。但是因为家庭的缘故，她根本无法实现大学梦。她并没有气馁，开始默默地用笔书写自己的苦难。

1988年底，紫霄的第一篇习作被《巢湖报》采用了，她看到了生命的一线曙光，她决定要用缪斯的笔来拯救自己。多少个不眠之夜，她用稚拙的笔饱蘸浓情，抒写自己的苦难与不幸，倾诉自己的顽强与奋争。多篇作品飞了出去，耕耘换来了收获，那些心血凝聚的稿件多数被采用，还获了各种奖项。1989 年，她抱着自己的作品叩开了安徽省作协的门，成了其中的一员。

文学是神圣的，写作是清贫的。紫霄勇敢地放弃了从父母手里接过的"铁饭碗"，开始了艰难的求学路。她到了北京，在鲁迅文学院进修。迫于生计，生性腼腆的她当起了报童。骄阳似火，地面晒得冒烟，紫霄挥汗如雨，怯生生地叫卖。在一次过街时，飞驰而过的自行车把她撞倒了。看着肿得馒头大小的脚踝，紫霄的第一个反应是这报卖不成了。她没有丧失信心，只休息了几天，又一次开始了半工半读的生活。自助者天助，勤奋顽强的紫霄终于得到命运之神的垂怜，在文学这条路上，她结识了莫言、肖亦农、刘震云等作家，有幸亲聆教诲，这让她感到莫大的满足。

为了节省开支，紫霄住在空军招待所的一间堆放杂物的仓库里。晚上，这里就成了她的"工作室"，她的灯常常亮到黎明。礼拜天，她包揽了招待所上百条被褥的浆洗活。她的脸上和手上有了和年龄不相称的裂口，但紫霄始终没有向一切苦难屈服。

凭借着自己的勤奋和顽强，紫霄慢慢地改写着自己的命运。她后来的经历要比先前的"顺利"得多。

"一个人最大的危险是迷失自己，特别是在苦难接踵而至的时候……命运的天空被涂上一层阴霾的乌云，她始终高昂那颗不愿低下的头。因为她胸中有灯，它点燃了所有的黑暗。"一篇采访紫霄的专访在题词中写了这样的话，在紫霄心中，那盏灯就是自己永远也未曾放弃过的希望。不得不承认，她是一个坚强的女子，是一个不向困难俯首称臣的不屈的奇女子，她把困难视作生命的必修课，而她最终得了满分。

在人生中，我们每一个人都会遇到困难，遇到挫折，当世界都处于黑暗时，我们不妨向紫霄那样，给自己点亮一盏心灯，照亮自己的人生路。

不回避有可能给我们带来愉悦感的活动

生活本是丰富多彩的，除了工作、学习、赚钱、求名外，还有许许多多美好的东西值得我们去享受：可口的饭菜、温馨的家庭生活、蓝天白云、花红草绿、飞溅的瀑布、浩瀚的大海、雪山与草原等。此外还有诗歌、音乐、沉思、友情、谈天、读书、体育运动、喜庆的节日……甚至工作和学习本身也可以成为享受，如果我们不是太急功近利，不是单单为着一己利益，我们的辛苦劳作也会变成一种乐趣。

一个 6 岁的小女孩问妈妈："花儿会说话吗？"

"噢，孩子，花儿如果不会说话，春天该多么寂寞，谁还对春天左顾右盼？"

小女孩满意地笑了。

小女孩长到 16 岁，问妈妈："天上的星星会说话吗？"

"噢，孩子，星星若能说话，天上就会一片嘈杂，谁还会向往天堂静谧的乐园？"

小女孩又满意地笑了。

女孩长到 26 岁，已是个成熟的女性了。一天，她悄悄地问做外交官的丈夫："昨晚宴会，我表现得合适吗？"

"棒极了，My Darling（亲爱的）！"外交官不无欣赏和自豪之情，"你说话的时候，像叮咚的泉水、悠扬的乐曲，虽千言而不繁；你静处的时候，似浮香的荷、优雅的鹤，虽静音而传千言……亲爱的，能告诉我你是怎样修炼的吗？"

妻子笑了："6 岁时，我从当教师的妈妈那儿学会了和自然界的对话。16 岁时，我从当作家的妈妈那儿学会了和心灵对话。在见到你之前，我从哲学家、史学家、音乐家、外交家、农民、工人、老人、孩子那里学会了和生活对话。亲爱的，我还从你那里得到了思想、智慧、胆量和爱！"

做一个快乐的人，就要学会感受生活，学会品味生活中的每时每刻的内容。虽然享受生活必须有一定的物质基础，努力地工作和学习，创造财富，发展经济，这当然是正经的事。但是，劳作本身不是人生的目的，人生的目的是"生活得写意"。一方面勤奋工作，一方面使生活充满乐趣，这才是和谐的人生。

我们说享受生活，不是说要去花天酒地，也不是要去过懒汉的生活，吃了睡，睡了吃。如果这样"享受生活"，那才叫糟蹋生活。

享受生活，是要努力去丰富生活的内容，努力去提升生活的质量。愉快地工作，也愉快地休闲。散步、登山、滑雪、垂钓，或是坐在草地、海滩上晒太阳。在做这些能给我们带来愉悦感的活动时，我们的烦忧就会消散，我们的灵性就会回归。

　　我们的生活可以很平淡，很简单，但是不可以缺少情趣。一个智慧的人，必定懂得从生活中的点滴琐细中，采撷出五彩缤纷的情趣。

　　小王是个普通的职员，过着很平淡的日子。她常和同事说笑："如果我将来有了钱……"同事以为她一定会说买房子买车子，而她的回答是："我就每天买一束鲜花回家！"不是她现在买不起，而是觉得按她目前的收入，到花店买花有些奢侈。有一天她走过人行天桥，看见一个乡下人在卖花，他身边的塑料桶里放着好几把康乃馨，她不由得停了下来。这些花一束才 5 元钱，如果是在花店，起码要 15 元，她毫不犹豫地掏钱买了一把。这束从天桥上买回来的康乃馨，在她的精心呵护下开了一个月。每隔两三天，她就为花换一次水，再放一粒维生素 C。每当她和孩子一起做这一切的时候，都觉得特别开心。

　　生活中还有很多像小王这样懂得生活情调的年轻人，他们懂得在平凡的生活细节中拣拾生活的情趣。亨利·梭罗说过，"我们来到这个世上，就有理由享受生活的乐趣"。当然，享受生活并不需要太多的物质支持，因为无论是穷人还是富人，他们在对幸福的感受方面并没有很大的区别，我们可以通过摄影、收藏、从事业余爱好等途径培养生活情趣。卡耐基说过，生活的艺术可以用许多方法表现出来。没有任何东西可以不屑一顾，没有任何一件小事可以被忽略，因此，我们不要回避能给我们带来愉悦感的一切活动，就是一件普通得再也不能普通的家务都可能为我们的生活带来无穷的乐趣与活力。

在不如意中保持阳光心态

在这个世界上，有多少事情是我们可以预料和控制的？我们无法预知未来，所以我们苦恼着；我们无法控制事情的发展，所以我们烦躁着；我们无法获得更多，所以我们抑郁着……有太多人，像哭着要糖的小孩，不在意自己手中握着的是什么，只是一味索取，然后失望了、不满了，心也失衡了……

停下脚步，静下心，想想最初的最初，我们所向往的那份简单的快乐吧！人生除了做加法，其实也是可以做减法的。我们虽然无法预知未来，但可以把握当下；虽然无法控制事情的发展，但可以尽力而为；虽然无法获得更多，但我们拥有的也不少。只要活着，便是莫大的幸福，所以放开点，别太跟自己过不去了。

没有十全十美的人，更没有完美无缺的人生。无论我们自身还是生活，都是由一个个或大或小的缺憾串联而成的。生活如歌，

焦虑心理学：不畏惧、不逃避，和压力做朋友

虽不会慷慨激昂精彩绝伦，但也五音俱全婉转悠扬；生活如茶，虽不如咖啡醇香，但也清幽不断唇齿留香。

所以，别飘飘欲仙，因为再鲜艳的花朵也终有凋零的时候；别心灰意懒，因为再苦的磨难与失败也有结束的时候；别目空一切，因为再顺畅的境遇也会有逆转的一天……

别跟自己过不去，是心灵的解脱。这样的心灵，是阳光生活的一部分。从容地走自己选择的路，做自己喜欢的事，学会原谅自己、善待自己。闲来有雨，闲来有心情。没事的时候听点音乐，放松自己；烦躁的时候做点运动，轻松自己；得意的时候加点平静，修炼自己；悲伤的时候来点忘记，淡化自己；痛苦的时候，来点清醒，重识自己……

林肯曾说："大部分的人，在决心要变得幸福的时候，就会有那种幸福的感觉。"幸福是一种心情，宽容是一种仁爱，智慧是一种达到人生快乐的方法。向着阳光，阴影就留在了身后，人生还会有什么过不去的呢？别被小事烦扰，让那些委屈和难堪的遭遇在内心转变成另一种心情。太过执着，只能是累。只有学会放弃，才能卸下人生中的种种包袱；只有学会享受生活，才会更加珍惜生活；只有学会给自己希望，才能生活得更加阳光。

"但愿此心春长在，须知世上苦人多。"正因为我们心中无"春"，所以我们才总觉得自己活得辛苦，人生毫无快乐可言。其实生命是有限的，但快乐是无限的。正如卡耐基所说："要是我们得不到我们希望的东西，最好不要让忧虑和悔恨来苦恼我们的生活。"

且让我们原谅自己，学着豁达一点，怀着淡泊之心，多爱自己一点，别跟自己过不去。学会笑面人生，人生会更乐观潇洒；笑面人生，人生会更绚丽精彩；笑面人生，人生会更自由豪迈。这样的人生，才是最为阳光的人生。

坏事有时候并不是全盘皆坏

坏事就一定是全盘都坏吗？答案是否定的，很多时候，坏事中也蕴藏着好的机遇，关键是你要善于发现。

举个例子来说吧，在竞争激烈的职场中，我们也许遇到过被老板炒鱿鱼的境况。我们可能一时无法接受，可能觉得委屈。但是换个角度思考，老板炒了你的鱿鱼，你才能有机会换一份更好的工作。

在现代社会中，很少有人一生只做一份工作，失业未必都是坏事。虽然被炒鱿鱼时，有些尴尬，其实你冷静想想，也许自己并不适合这样一份工作。与其继续一份不利于个人职业发展的工作，还不如去寻找另一番天地，也许能在新的环境中成就人生。

杰克是一个公司的办公室主任，手下有十几名员工，工作做得倒也顺手。经济危机犹如一阵飓风刮来，一夜之间遍及全球，而影响最大的就是商贸方面。

　　杰克所在的公司瞬间陷入困境，货源推不出去，资金链条不能再正常运行，银行不再放贷。怎么办？为了生存，公司只得尽可能地缩减各项开支。大量裁员是其中一个重要方法，而杰克所在的部门是服务型，又无法给公司创造出可观的利益。杰克被炒鱿鱼了。

　　杰克在刚听到这个消息后，马上开始紧张起来。他想：如果我失去了这个工作，现在还有谁会想雇用我？

　　当天，他回到家里。看到儿子正在书房写作业，女儿自己在客厅玩耍，妻子在做晚饭。为了照顾两个孩子，妻子已经几年没有工作了。所以这个家庭全靠他一个人。这一切让杰克感到了自己的责任，他决定从眼前不幸的处境中寻找机会。

　　后来，经过和妻子商量，杰克决定自己创业。妻子把家中所有积蓄拿出来，他又把房子作为抵押贷了一部分钱。在离家不远处开了一个便利店，这样一来，当杰克进货或者需要外出时，妻子也可以到店里帮忙。

　　经过苦心经营，两年下来，便利店的生意越来越好。于是，他们又把这两年赚来的钱重新投资，扩大了规模。白手起家从不简单，但杰克却成功了。如今，杰克夫妇经营着两家便利店，都有专门人员进行管理。他们享受着轻松而自由的生活。不必再过朝九晚五的办公室生活。

　　回忆失去工作的那段时期，杰克说："总而言之，这也算是一种赐福。经营便利店所得到的经验，远胜过我跟着一个老板做事多年的所得。包括我有幸举办各类活动、与诸多人共事。一切都美妙极了。"

自强者总是想办法摆脱逆境。他们会看向未来，失业并非一定就是一件坏事。澳大利亚国立大学心理健康博士彼得·巴特沃思说："从失业状态进入到一份很差的工作，并不会给心理健康带来任何益处，实际上这样却会比失业时带来更大的伤害。"

从这个角度来说，失业反而可以让你静下心来分析以往的得失，找出缺点，总结优势，思考自己未来的方向，重新规划未来。它还能磨炼我们的意志，激励我们去正确面对困难和压力，争取更大的成功。

不管你是被炒鱿鱼，还是自己决定辞职，离职时都难免会失落。但我们决不能因气愤或者委屈，而冲动地去做不该做的事。以下这些事是你应该避免发生的。

不责骂你的上司和同事

离开的时候，你的情绪可能会高涨，你可能想冲动地告诉你的同事和上司你对他们的想法。即使他们真的活该被你骂，也千万不要这样做。你永远不知道在接下来的路上会遇到谁，也不知道有一天你会和谁共事。

不要破坏公司财物或偷东西

你可能觉得自己被上司误解了，自己很生气。然而，故意破坏公司财物或偷东西的行为不仅会破坏你的名誉，还可能会给自

焦虑心理学: 不畏惧、不逃避，和压力做朋友

己带来牢狱之灾，因此，千万不要这样做。

不要向接替你工作的人说上司或者同事的坏话

离开时，一般需要你和接替你工作的人进行交接，如果此时你发牢骚或者抱怨上司，你从中得不到任何东西。如果你态度强硬，接替你工作的这个人可能会做出对你不利的事情来，这样一来，出丑的人只会是你自己，甚至会影响到你下一任雇主对你的印象。

无论何时，都要用积极的力量引导自己

要想成就大事，我们必须要有积极的心态。不要觉得积极的心态不可塑造，拿破仑·希尔曾经说过："你的心态是你——而且只是你——唯一能完全掌握的东西。"只要我们积极地练习，我们完全可以用积极的力量来引导自己的心。

下面是一些成功人士培养积极心态的方法，我们不妨借鉴。

不要觉得你生来就注定失败，彻底地消除你脑海中的那些与积极心态背道而驰的不良因素。

在心中确定自己最想要得到的东西，一旦确定，就马上把想法付诸行动。在行动的过程中不要忘了帮助他人，因为帮助他人也是佐证自己思想的重要途径。

给自己制订计划，但是计划一定要合适，所定的计划不要太过度，过度就是一种贪婪。记住，贪婪是使野心家失败的最主要因素。

每天说一些让人舒服的话或者做一些让人舒服的事情，比如你可以给别人讲一些笑话，或者送给别人一本励志的书，让你身边的人感受到生活的美好。日行一善，可以让你永远保持无忧无虑的心情。

改变对挫折的认识，知道挫折可以打倒你，但就是不能打败你。

务必让自己养成今日之事今日毕的好习惯，如果不能，但起码要自己做到不要堆积任务。要知道：懒散的心态，很容易就会变成消极的心态。

当你实在找不到解决问题的办法时，不妨放下手中的事情，去帮别人解决问题，说不定在帮别人的时候，你能突发奇想。就像有人说的那样，在你帮助别人解决问题的同时，实际上就是在洞察解决自己问题的方法。

每周读一些励志的好书，直到自己完全领会到其中的道理。

盘点自己的财产，并找出一种适合自己的理财方式，有了属于自己的财产，我们就可以自己决定自己的命运。

培养自己的服务意识，并试着提高自己的服务质量。我们在这个世界上的分量如何，与我们为他人所提供的服务的次数和质量息息相关，一个人越是能被别人需要，那么，他就越容易建立积极人生观，越容易培养自己的积极心态。

　　试着慢慢改掉你的坏习惯。当然，在改正自己坏习惯的时候，不要急，可以试着一周或者半月改掉一项坏习惯。但不要忘记的是，在改掉一项坏习惯之后，就总结反思一下自己的成果。如果发现自己的某项坏习惯很难改正，千万不要怯懦。

　　丢掉自怜情绪，要坚信自己就是唯一可以随时依靠的人。

　　把你的精力都用在你想追求的事情上，因为让自己忙起来，让自己充实起来，你就没有那么多可以用来烦恼的时间，这样可以大大减少你的烦恼。

　　放弃控制别人的念头，把自己的精力转而用来控制我们自己。

　　懂得"要"，向每天的生活"要"合理的回报。一个人不能只等着别人"给"，而要懂得向别人"要"，向别人索取，向生活索取，实际上是一种督促自己不断上进的好方法。

　　不要轻易就被别人的意见左右，当别人给你提出建议的时候，除非别人向你证明他的建议具有一定的可靠性和可操作性，否则，不要轻易就改变你自己的决定，因为大多数时候，你最初的决定才是出自你的内心。

　　生命在于运动，因此，只要有足够的时间，就要让自己活动起来。多多活动才能保持自己的健康状态。生理上的疾病很容易引起心理上的失调，如果一个人的身体和思想一样能保持积极的活动，那么，他就有足够的能量来维持积极的行动。

　　增加自己的耐性，试着和拥有不同信仰的人接触，并试着接受他们的观点，接受他人的本性，而不是一味地要求别人按照你的意思去做。

保持强烈的成功欲，因为成功的欲望可以带给你更多驱动力，并且只有积极的心态才能供给产生驱动力所需的燃料。

以相同或者更多的价值回报给你带来好处的人。记住一个重要的定律——报酬增加律，你奉献给别人的越多，到最后你得到的也会越多，甚至别人还会带给你想要的东西。

当你付出之后，你必须争取得到等价或者更高价值的东西。抱着这种念头工作或者生活，会帮助你驱除对年老的恐惧。

坚信自己可以为所有的事情找到解决方案。但同时也要提醒自己，自己的方案不一定是最好的，千万不要忘了参考别人的例子，但不管是哪种情况，都要坚信事情是一定可以解决的。

树立明确的目标，明确的目标可以帮助你战胜恐惧，并且坚定你解决任何困难的信心。爱迪生虽然失败了千万次，但是为了达到自己的目标，他还是会坚持到底。

对善意的批评要采取接受的态度。要知道，别人的好心批评是让自己做一番反省的好机会，通过反省找出自己需要改善的地方，让自己在改善中不断进步。

不要采取具有负面意义的说话方式，特别是要根除尖酸刻薄、闲言碎语或者中伤他人的行为，这些行为都会让你的思想走向负面。

让自己的生命保持着原生态——不矫揉造作，在条件允许的情况下，尽可能地展现出真实的自己。

信任你的朋友、你的合作伙伴，只有这样，你才能让自己生活在一个更加和谐的圈子里。

保持自信，谁都能爆发出惊人力量

一个人的一生中不可能没有挫折，战胜挫折、追求成功离不开自信的心态。

自信心是引导人们走向胜利的阶梯。一般来说，自信心充足者的适应能力就高，反之，适应能力则较低。很多人之所以终生默默无闻，就是因为他们缺乏自信。

曾经有人做过这样一个调查：你自己认为最难解决的私人问题是什么？在被调查的人中，75%的人在答卷上选择"信心不足"的答案。

十分巧合的是，这个世界上至少有2/3的人营养不良，也就是说，这个世界上信心不足的人数和营养不良的人数一样多。营养不良，使人身体无法正常发育；自信心不足，也会带来精神上的发育不良。

缺乏自信心，是人生的一大悲哀。这种悲哀在于，他们把"自我"丢失了。他们不相信自己的能力，甚至在做决定的时候，也只会亦步亦趋。可想，一个丢失了"自我"的人，怎么能够体会到生活的乐趣？

相反，当自信心融合在思想里时，一个人便能爆发出惊人的力量，这种力量能促使人更快成功。也就是说，自信心对成功来说是非常重要的，而缺乏自信心的人将一事无成。

英国诗人济慈幼时父母双亡，一生贫困，备受文艺批评家抨击，恋爱失败，身染痨病，26岁即去世。济慈一生虽然潦倒不堪，却从来没有向困难屈服过。他在少年时代读到斯宾塞的《仙后》之后，就肯定自己也注定要成为诗人。一次，他说："我想，我可以跻身于英国诗人之列。"就这样，济慈一生都致力于这个最大的目标，并最终成为一位永垂不朽的诗人。

相信自己能够成功，成功的可能性就会大为增加。如果一个人自己心里认定会失败，那他就没有足够的信心去克服困难，也就很难获得成功。因此，对于任何一个人来说，要想战胜前进途中的困难，要想尽快取得成功，就必须不断增强自己的自信心。

要增强自信心，就必须培养并相信自己的能力。众所周知，电话是贝尔发明的，可是，很少有人知道，在贝尔之前，就有人发明了电话，只是当时公众并不相信他的发明，结果这个人就放弃了；贝尔起初也不被大家理睬和相信，但是他依然满怀信心，不断利用各种机会广泛宣传，终于把电话推广开来。

从贝尔的例子中，我们可以看出：一个人相信自己的能力和不相信自己的能力，结果完全不同。

1993 年秋，宁夏人民出版社出版了一位农民写的书——《青山洞》。小说的作者叫张效友，1949 年出生在陕西省定边县右洞乡一个贫困的农民家庭，小学三年级就辍学了。

1972 年，23 岁的张效友参加了"四清"工作队。到 1978 年，6 年的时间里，他深深体验到了农村生活的复杂性。他有自己的独立看法，却又无法向同伴们诉说，这使他深感压抑。他要寻求诉说的途径，于是决定写小说。他向一位朋友说出了自己的想法，可是朋友却猛泼了他一顿凉水。朋友认为张效友文化层次太低，写小说不可能。

张效友却认为：苏联的奥斯特洛夫斯基没有文化却写成了《钢铁是怎样炼成的》。张效友越想越不能平静，他想：作家是人，咱也是人，有什么写不了的。他们一开始就有文化吗，写上几年不就有文化了？

从此以后，他白天忙农活，晚上在厨房里构思。他定下了一个思路，不太满意，又推翻重来。一点一点地想，一点一点地安排，每一部分写什么事，如何连贯，反复推敲。以后又反复修改。就这样，折腾了两年，终于把全书的框架基本确定下来了。

慢慢地，他找到了感觉，他说："写书看来不是那么容易，不过也不是不能写。需要下功夫那是肯定的。"

没过多久，麻烦来了。干农活时他心不在焉，心里塞满了书，连续烧坏了五台浇灌用的电动机，损失上千元。为了省时间，他还把责任田以自己三别人七的比例承包给了他人。妻子终于忍无可忍将他的书稿全部烧掉。张效友悲痛欲绝，想要投井自尽，被儿子抱住了双腿。

在那段时间里，他一连几个星期被绝望的情绪紧紧围绕着。后来，他想，自古英雄多磨难，不经历风雨，怎能见彩虹？稿是人写的，重写！为了避免重蹈覆辙，他偷偷地将冬天贮藏土豆的菜窖清理出来，躲在地窖里夜以继日地忘我工作。

后来，妻子病了，他很内疚，决定先放下写作去挣钱。他到西安打工，走进劳务市场，突然觉得灵感来了。他掏出纸就写。过了一段时间找不到工作，听说银川工作好找，又到银川。带的钱花光了，没有饭吃，更没有钱买纸笔。最终还是没找到工作，只能"打道回府"。

回到家里，妻子一气之下抢下他的书包，掏出手稿，扔进了火炉里，几个月的心血又白费了。好在这只是一部分。张效友说："你烧吧，只要你不把我人烧了，你烧多少我还能写多少。"看到张效友决心这样坚定，妻子终于被感动了。

张效友40万字的长篇小说《青山洞》终于在1993年秋天由宁夏人民出版社出版发行了。两年后，他的作品荣获榆林地区1991—1995年度"五个一工程"特别奖。1995年6月20日，中央电视台播出了他的事迹。

有了自信，农民也可以写书。是自信改变了张效友的人生轨迹。

自信是一块伟大的奠基石，有信心就能创造奇迹。在所有的困难与挫折面前，只要你还相信自己，还保留着自信，所有的困难都是纸老虎，所有的挫折终将会化成灰烬。

图书在版编目（CIP）数据

焦虑心理学：不畏惧、不逃避，和压力做朋友 / 王
志敏著 . — 北京：中国华侨出版社，2021.3（2024.3 重印）
ISBN 978-7-5113-8337-2

Ⅰ . ①焦… Ⅱ . ①王… Ⅲ . ①焦虑 – 心理调节 – 通俗
读物 Ⅳ . ① B842.6-49

中国版本图书馆 CIP 数据核字（2020）第 200597 号

焦虑心理学：不畏惧、不逃避，和压力做朋友

著　　者：王志敏

责任编辑：唐崇杰

封面设计：冬　凡

美术编辑：潘　松

经　　销：新华书店

开　　本：880mm×1230mm　1/32 开　印张 / 8　字数 / 170 千字

印　　刷：三河市燕春印务有限公司

版　　次：2021 年 3 月第 1 版

印　　次：2024 年 3 月第 4 次印刷

书　　号：ISBN 978-7-5113-8337-2

定　　价：38.00 元

中国华侨出版社　北京市朝阳区西坝河东里 77 号楼底商 5 号　邮编：100028
发 行 部：（010）88893001　　　传　真：（010）62707370

如果发现印装质量问题，影响阅读，请与印刷厂联系调换。